JN004588

しくみ図解

通信設備が一番わかる

情報通信を支える通信設備の基礎から応用まで

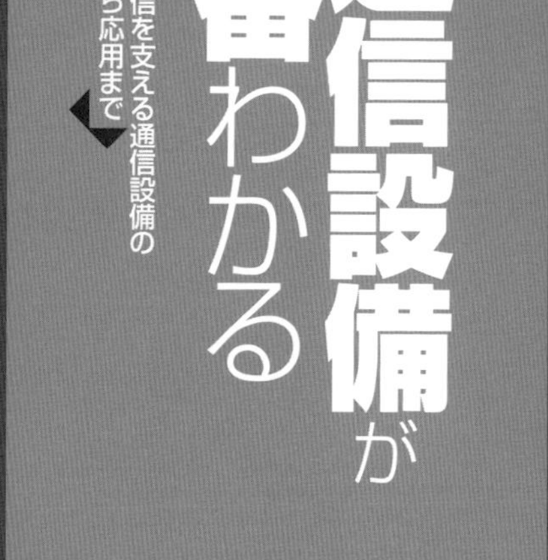

真江島 光
坂林和重
著

技術評論社

はじめに

読者のみなさんの多くは、データ通信を行う際にスマートホンやPCを使用してインターネット回線を利用することと思います。また、情報を入手するときやテレビ画像を見る場合も同様に、スマートホンやPCおよびPADを情報端末として使用することと思います。また、この情報端末を使用することで、物品購入やホテル、航空機の予約も行うことができ、非常に便利な環境となっています。このように情報通信は、今では私たちの日常生活で必要不可欠な情報入手手段となっており、いったん情報通信に不具合があると生活や仕事に影響を与えることとなります。それだけ、情報通信が私たちの生活の重要な役割を担っています。

このように日常生活で毎日使用している通信端末ですが、この通信を支えている技術について、私たちはどの程度理解しているでしょうか？もちろん理解できていなくても通信端末は使用することができます。しかし、今後情報通信の設備技術を勉強する方や仕事で通信設備に関係する方にとっては、基本技術の理解が必要になってくると思います。

本書は、通信設備技術に関して学習を始める方を対象に、音声伝送やデータ伝送に関係する技術の基本部分をピックアップして、できるだけ図を掲載して理解しやすいように構成しました。このため、本書で興味を持った技術や詳細内容の知識が必要な技術分野は、他の専門書籍を参照いただくことをお勧めします。

通信設備は、端末、交換機、伝送路、ネットワークと幅広い分野から構成されています。すべてを同時に理解することは難しいかもしれませんが、技術の概要を知ることができます。本書を参照していただき、通信設備の学習を始めてみてください。本書が、通信設備の学習を始めるキッカケとなれば幸いです。

真江島　光

通信設備が一番わかる

目次

第4章 光ファイバケーブル……………95

第5章 情報セキュリティ……………123

コラム｜目次

第1章

通信設備とは

私たちが情報端末として使用している携帯電話、この携帯電話の通信を支えるためにさまざまな技術が使用されています。今後5Gへの移行によって、さらに高速・大容量のデータ通信が可能となり、快適なデータ通信が可能になります。本章ではその通信設備について、技術の扉を開けてみましょう。

1-1 情報の伝達

情報の伝達とは、基本は伝えたい内容を異なる位置（人）へ通知することです。日常で人と人の話や図などの提示や、メールでの文字やデータも情報の伝達となります。ただし、情報を伝達することが目的ではなく、伝えたことによる正しい結果があってこそ、正しく情報が伝わったことになります。

私たちは、常に何らかの情報を発信するとともに情報を受けています。それは、人間が感じ取れる五感で受けていることになります。したがって、受けている情報は視覚、聴覚、臭覚、触覚、味覚であり、この中から人と人の情報交換で主に使用されるのが視覚、聴覚と考えられます。基本的に情報を受ける側は、声や文章、映像（画像）で多くの情報を受けることになります（図 1-1-1、図 1-1-2）。

普段の会話や注意書きや電車の中での広告や行先案内表示など、周りにはさまざまな情報を発信し、それを日ごろ何気なくでも情報として受け取って、生活をしています。しかし、音声で受けた情報は残らないため、聞き違いや忘却する場合があります。文章などの情報は場所や時間を選びませんが、受け手に届くには受ける人がその情報を取らないといつまでも伝わりません。したがって、音声と文章のどちらにもメリットとデメリットが存在しています。

●複数手段による情報伝達

音声のみでは聞き違いが発生しやすく、文章のみでは情報の伝達に時間がかかります。したがって、音声と文章の両方を通知する情報伝達方法が正確に伝わる手段といえます。携帯電話の初期は音声のみの情報通信でしたが、1997 年にショートメールの機能が追加され、1998 年には漢字が使用できるようになりました（図 1-1-3）。

これにより、テキストによる文章での情報伝達もできるようになり、音声で早く要件を伝え、テキスト文章の漢字ショートメールで短いながらも場所や時間電話番号などを通知することが可能となってきました。現在では、携帯電話はスマートホンになり、画像や動画で伝えることができます(図 1-1-4)。

図 1-1-1　人と人との音声での会話による情報の伝達

図 1-1-2　文章による情報の伝達

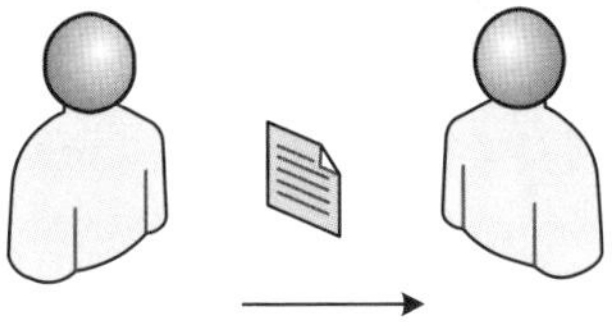

図 1-1-3　携帯電話による情報の伝達

図 1-1-4　動画の配信

1-2 通信技術の歴史

●音による情報伝達

情報の伝達には、使用する媒体により伝える手段が複数存在します。人類が最初に使用したのは、会話などで使用する音声（空気振動）での伝達です。また、音は、回折や反射して反響するので、人が意識していなくても耳に入ってきます。

情報自体は単純ですが、広範囲で情報を伝える場合に音による情報は使用されています。今でも町内での何らかの警報や緊急自動車などの音のサイレン、注意や避難勧告には音声が使用されています。しかし、音の波動は到達距離が短いことや周囲の騒音で聞き取れないことになります。また、伝達速度が 331 m/s（温度 0℃）と遅いため、多くの情報を短時間で伝えることができません。そこで次の情報伝達には、目視確認による情報伝達がでてきます。

●目視による情報伝達

目視確認は、光を使用しますので、短時間で長距離での情報伝達が可能になります。原始的なものとしては狼煙であり、煙が上がっているか否かで、データでいえば 1 ビットで 0/1 のデータ伝達になります。

その後、ヨーロッパでは、腕木通信（18 世紀～ 19 世紀）という数メートルの 3 本の棒を組み合わせたその形で通信を行われました。通信速度は、80 km/min であり、10 km ～ 30 km 間隔で腕木通信を設置して、リレーをすることで長距離の情報伝達を可能にしていました。ピーク時には、4,081 km もの距離での通信を可能にしました（図 1-2-1、図 1-2-2）。

しかし、通信を行うための要員の常駐、悪天候での通信は不可となる欠点により、確実性と迅速性に富んだモールス信号を用いた有線電信に変わっていきます。日本では、手旗信号の一種である**旗振り通信**が使用されていたことで、腕木通信を導入することはなかったようです。

図 1-2-1　腕木通信機（フランス）

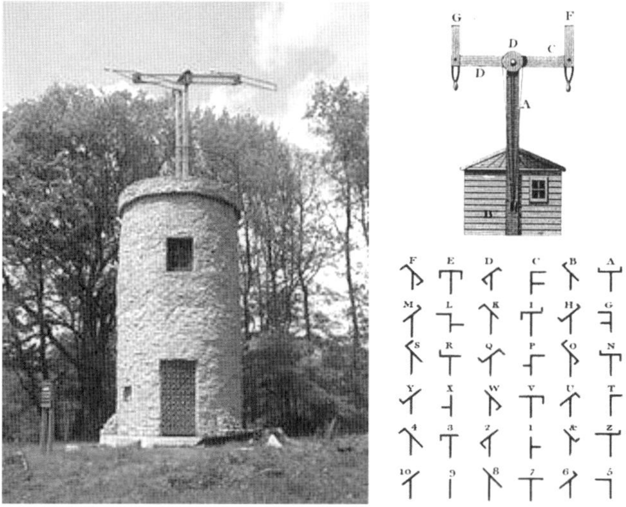

図 1-2-2　腕木通信機（パリ）

パリの腕木通信機はルーブル宮殿
に設置されていた。

●電話による情報伝達

1870年台には、ベル研究所で電話が発明されました。この発明で音声による情報伝達が可能となりました。日本製のベル式電話機の1号は1878年に完成されました。1890年には、東京－横浜間で電話サービスが開始されています。これまで音声の伝達はなく、急ぎの場合は電報でしたが、電話の普及で遠方の人と会話による情報伝達ができるようになりました。ただし、当時の電話にはダイヤルはなく、受話器を取り上げて最初に交換台に接続して、相手先の番号を告げてから相手先が電話に出てから人手で接続をしていました。接続に使用していたのは現在でも使用されている直径6.3 mm（1/4インチ）のプラグ・ジャックです。**ホーンプラグ・ジャック**と呼ばれるのは、これに由来します（図1-2-3、図1-2-4）。

回線数の増加と人件費削減および顧客のプライバシー保護の観点から、自動またはダイヤルシステムが1920年に開発され、現在のように発信者によって自動的に回線接続ができようになっていきました（図1-2-5）。

●無線による情報の伝達

1842年以降、無線通信の実験や研究が実施されてきました。1890年代には、テスラ（米国）、ボボフ（ロシア）、マルコーニ（イタリア）、ボース（インド）が無線通信の実験を行っていました。マルコーニらのグループは、送受信のアンテナを工夫し1901年に大西洋横断無線電信に成功しています。また、遠距離無線通信の重要性に着目し、ヨーロッパと米国間の無線通信の商業化を初めて実現しています。

日本は、1920年にラジオ放送、1937年に白黒テレビ放送、1954年にカラーテレビ放送へと発展してきました。カラーテレビ放送が開始されても、すべてのテレビ放送がカラーになっていなかったことから、カラー放送の番組では、画面の一部に"カラー放送"と表示が出ていました。これは、テレビ放送がステレオになったときも同様でした。このように無線による情報の伝達ができるようになってから、ラジオとテレビでのメディアにより、短時間で多くの情報を得ることができるようになりました。

図 1-2-3　八重洲町電話交換局（1902 年頃）

図 1-2-4　ホーン・プラグ（標準プラグ）

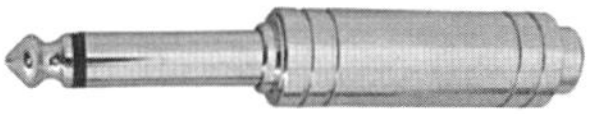

図 1-2-5　19 世紀頃の電話機

1-3 通信の形態

通信形態の形態には、大きく2つの形態に分けられます。それは、使用している回線（有線・無線）を占有して接続する回線交換、またはデータを短いブロック毎に切って、ブロック毎に接続先を変えるパケット交換です。

●回線交換通信

回線交換通信が交換機を経由して相手に物理的に1対1で接続され、回線を占有して行う通信方式を**回線交換通信**と呼びます。

本通信でのメリットは、常に帯域が確保されるため、音切れや伝達遅延などの発生はなく、通信品質は確保することができる点です。一方デメリットは、一回線が持つ帯域を確保してしまうのでデータ転送量の多い少ないにかかわらず回線を占有することになり、回線使用効率が低くなることです。

本通信方式は、主にアナログおよびデジタル（ISDN）の加入電話回線がこれに相当します（図1-3-1）。

●パケット交換通信

パケット交換通信とは、伝送するデータを一定量の小さいパケットに分割して、1つの回線上に複数のパケットを交互に伝送する通信方式をいいます。本方式では、異なるデータをパケットに分割後に交互にデータを並列でデータ転送することが可能です。

本通信でのメリットは、回線を占有しないので多数のパケットを同時に伝送することを可能にできる点です。このため、1回線の使用効率は回線交換通信と比較して高くなっています。

一方デメリットは、データ転送量がデータ伝送可能な帯域を超えた場合にデータ遅延が発生するため、回線品質が低下し、遅延および音切れが発生しやすくなることです（図1-3-2）。

図 1-3-1　回線交換での接続

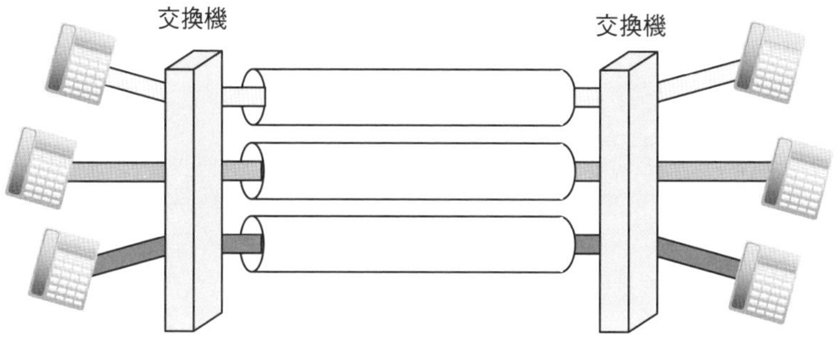

図 1-3-2　パケット交換での接続

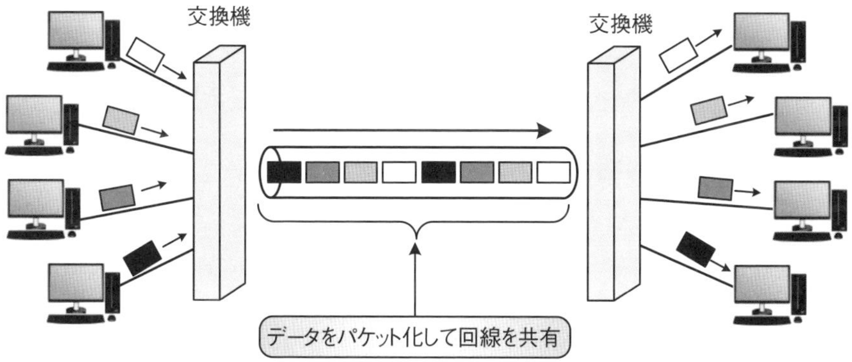

1-4 データ通信

電気信号化された電子データをデータ通信回線を使用して相手に渡すことを**データ通信**と呼びます。

従来の電気通信サービスは電話と電信が中心であり、使用する設備も電話網と電信網となっていました。電気通信の需要が高まるにつれて、データ通信用の専用回線やデジタルデータ網が発展してきました。

しかし近年では、コンピュータ通信の急速な普及に伴い、データ通信量が増加し、通信ネットワークのデジタル化による複合網、高速・広域ネットワークのデジタル通信ネットワークへ発展してきました。今後も5Gの登場によって、さらなる高速・広帯域・低遅延でのデータ通信を行うことが可能になると予想されます。

●端末設備

端末設備は、ユーザ側の建物（構内）で回線に直接接続される電話、ルータ、PC、FAXなどを指します。データ通信で使用するPCは、直接モジュラジャックに入れないので、対象ではありません（図1-4-1）。

●デジタル通信技術

電話回線は、ISDN（統合サービスデジタル通信網）にてデジタルサービスが開始されました。これによりデータ通信の高速化や信号品質の保持が実現できました。また、交換機をデジタル交換機にすることで、1回線への多重化にて回線使用効率を向上させて、通信コストを抑えています。

●通信ネットワーク

ネットワークは、メール送受信／ネットサーフィンなどの通信を行う際、IPの情報をもとにすべてのネットワークと複数サーバを転送して、目的場所に到達します。このため、途中のサーバにおいてデータの中身を盗聴される危険性があります（図1-4-3）。

●情報セキュリティ

ネットワークを使用してデータ通信を行う際に、データの秘匿性や改ざん防止を行うためには、情報のセキュリティを高めておく必要があります。これには、暗号化を使用することが最も効果的な対策となります。

図 1-4-1　端末設備

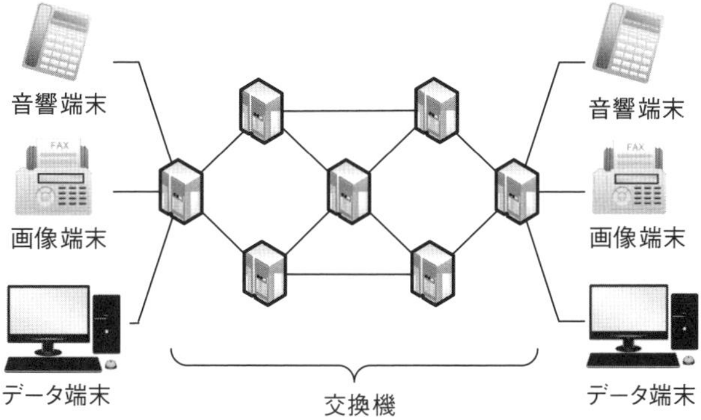

図 1-4-2　デジタル通信設備

図 1-4-3　通信ネットワーク

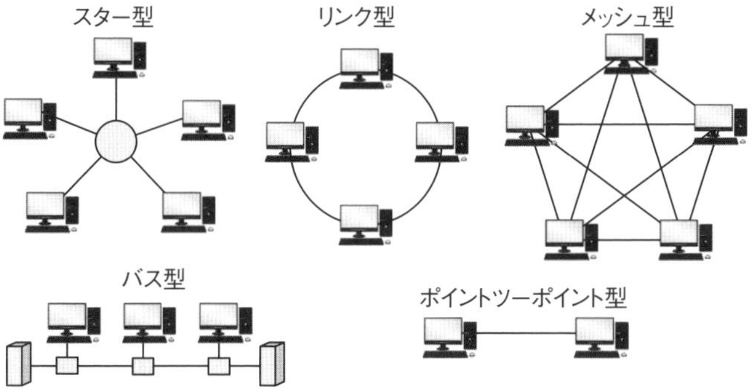

1-5 暗号技術—暗号と鍵

送信データなどを平文の状態で送信すると、データ伝送途中のサーバにて内容を盗み見される可能性があります。それを防ぐには、第三者がデータを見ても解析できない状態にすることが必要です。ここでは、その第三者が見ても認識できない状態にする**暗号化**について説明します。

●暗号と鍵の関係

暗号内容を簡単に理解するため、シーザー暗号を例にあげて説明します。

シーザー暗号は、鍵の数字の分だけアルファベットをシフト（循環）させて暗号文を作成し、秘密鍵を送信・受信側間で共有します。

仮に鍵を“5”とします。このときに暗号前の文字を「CIPHER」とした場合、暗号化の文字は“5”文字ずつシフトすることになるので“C”の文字の暗号化後はC→D→E→F→G→Hなので“H”となります。この規則に従って暗号化すると、

CIPHER　⇒　HNUMJW
（暗号化前）　（暗号化後）

となります（図1-5-1）。暗号化前の文を**平文**と呼びます。この平文の受信側では、逆の操作を行います。逆の操作を**復号**と呼びます（図1-5-2）。

●鍵長と暗号の強度

シーザー暗号は英大文字の26文字を対象にした場合、25回の試行にて復号化されるため暗号的には非常に弱い暗号化となります。

このシーザー暗号を強化するため、暗号化の鍵を2種類使用して平文の偶数番の文字を“5”、奇数番の文字を“2”とします。2種の暗号化鍵を用いたことで復号が難解になり、300回を超える試行が必要になります。

CIPHER　⇒　HKUJJT

同じ暗号化方式であっても、鍵の組み合わせを変えることで、暗号化が強化されることとなります。通常暗号化を強化するには、鍵長さを長くするこ

とが行われます（図 1-5-3）。

図 1-5-1　シーザー暗号の基本的な考え

図 1-5-2　暗号化と復号化

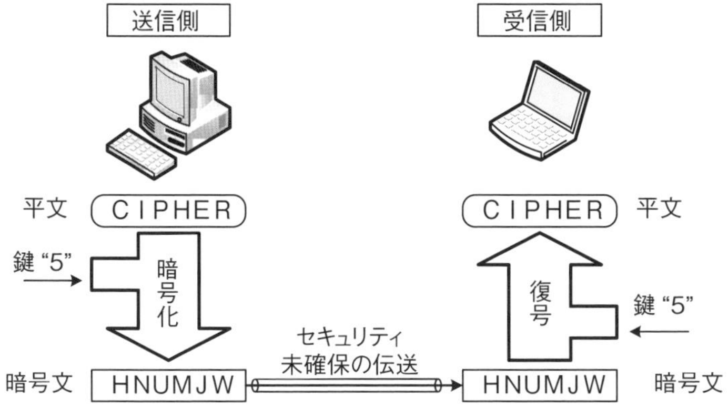

図 1-5-3　鍵長と暗号の強度

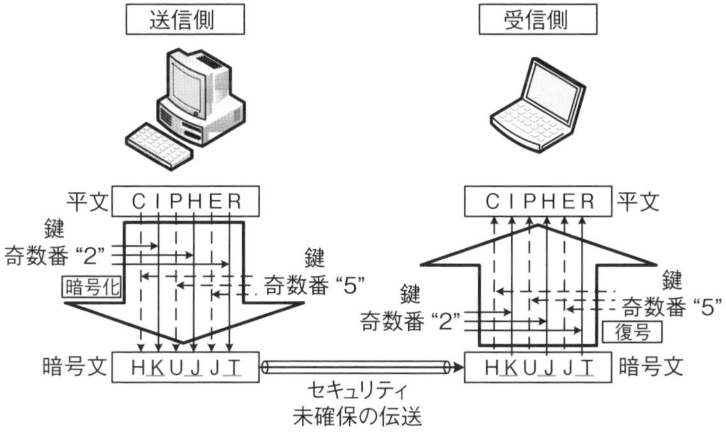

※アンダーラインの文字が、奇数番の暗号鍵で暗号化

暗号鍵の組み合わせを増やす（長くする）ことで暗号化が強化される。

1-6 暗号技術—共通鍵暗号方式

共通鍵暗号方式は、暗号化と復号に同一の鍵（秘密鍵）を使用する点が特徴です。互いの鍵が同一であるため、暗号化システムの負荷を軽減します。したがって、**共通鍵暗号方式**は、暗号化処理に必要なCPU資源を節約し、高速で処理することが可能です。

送信者と受信者は同一の秘密鍵を持っています（図1-6-1）。共通鍵暗号システムで重要な点は、この秘密鍵の管理と受け渡しになります。秘密鍵は、送信側と受信側のどちらが作成しても問題ありません。ただし、作成した鍵を誰にも盗聴されずに通信相手に渡すことが必要です。また、複数組での通信を行う場合は、その通信の各組み合わせに秘密鍵が必要になります。

図 1-6-1　共通暗号鍵方式

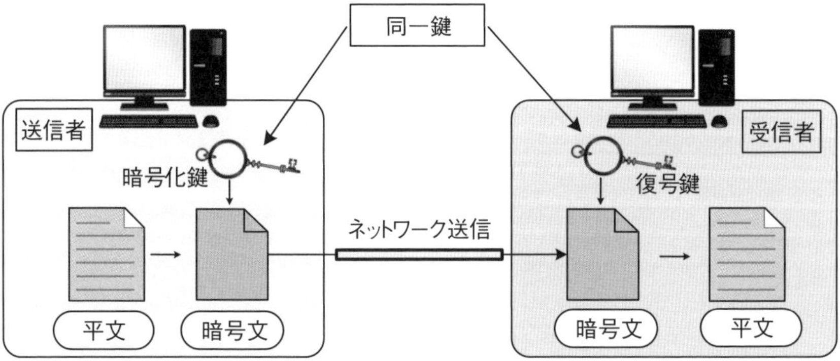

1-7 暗号技術—公開鍵暗号方式

公開鍵暗号方式は、暗号化鍵と復号鍵に別のものを使用して、多数の者と通信を行う方式です。公開鍵暗号方式では、暗号化鍵を一般公開（公開鍵）しますが、この鍵は暗号化のみに使用されるので、公開しても問題は発生しません（復号には使用不可）（図 1-7-1）。

公開鍵に対して秘密鍵は、受信者側で秘密管理して暗号化された文章やデータの復号に使用します。この運用により公開鍵は誰でも使用して暗号化を行うことが可能になります。しかし、その暗号化された文章を復号可能にできるのは、秘密鍵を持っている特定の受信者のみとなります。

図 1-7-1　公開鍵暗号化の通信ブロック

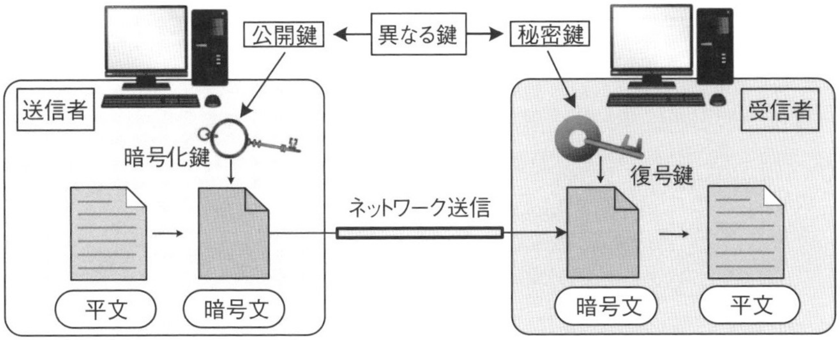

1-8 暗号技術―公開鍵暗号の実装技術

使用される暗号化プロトコルは、**RSA**（Rivest-Shamir-Adleman cryptosystem）が業界標準として使用されています。

RSA は、大きな数値の素因数分解の難解性による非常に時間がかかることを利用した暗号化方式です。RSA は、計算量に依存したアルゴリズムであるため、将来的にコンピュータ計算能力が飛躍的に増大することを考慮して、鍵長を長くさせていくことが必要になります。現在では、1024 bit 以上を使用することが推奨されています（図 1-8-1）。

図 1-8-1　RSA 処理概念図

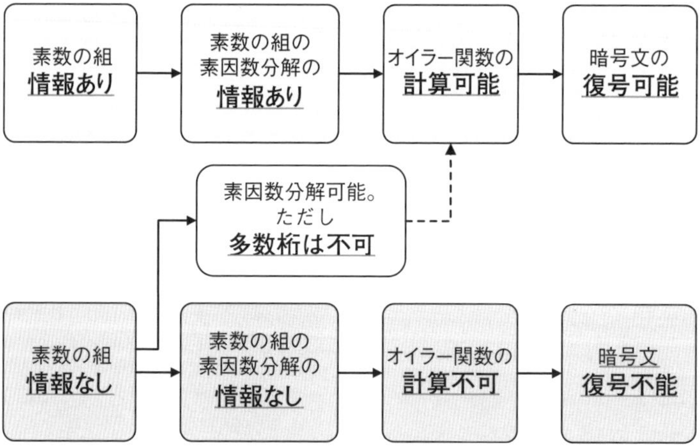

1-9 ネットワークの概要

●ネットワークとは

発信元の情報を受信側へ信号を送信して送り届ける役割を持っている情報通信網を指します。

ネットワークは、以下の3種から構成されています。

・データ信号を伝送するための信号伝送路。
・信号を送信・受信するための伝送装置。
・送り出す先を選定して接続する交換機。

ネットワーク構成の概要を図1-9-1に示します。ネットワークは、送信者が音声や画像や文字データの情報を電話器やスマートフォンおよびPC端末機器などからネットワークを経由して受信者の電話器やスマートフォンおよびPC端末機器に送信して届ける役割を担います。

このネットワークには、データ通信専用のデータ交換網など扱う情報別に各種の通信ネットワークがあります（図1-9-2）。約5,500万（平成30年の情報通信白書）の固定電話の加入者数を有する巨大な電話網は、ほとんど各種のネットワークと接続されています。

電話網の一部を使用した通信ネットワークとして、ファクシミリ網（現：BizFAXスマートキャスト）があります。また、携帯電話やPHS、インターネットも独自のネットワークを持っており、世界的規模で展開をしています。

そこですべての情報をデジタル化してデジタル信号でデータを取り扱える通信ネットワークが考えられました。これは1つのネットワークで複数の通信サービスを提供できるもので**ISDN（統合サービスデジタル通信網）**と呼びます。

しかし、ISDNは、2018年11月30日で新規加入受付を終了しており、サービスも2024年度で終了を予定しています。以降は、電話はインターネットによるIP電話へ切り替わる予定になっており、インターネットは光ファイバによる高速伝送に切り替わっていきます。

図 1-9-1　通信ネットワーク構成の概要

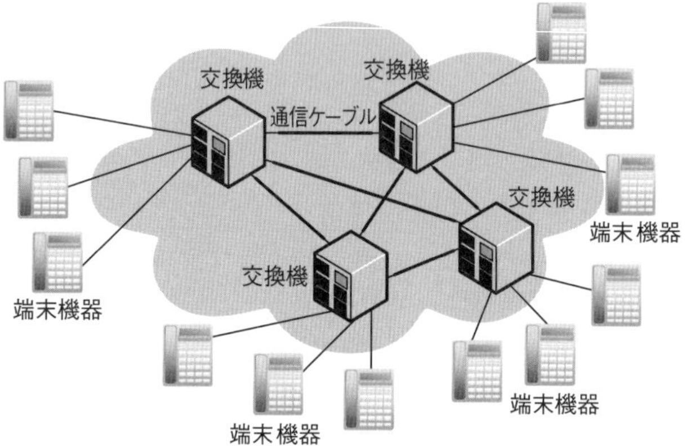

図 1-9-2　さまざまなネットワーク

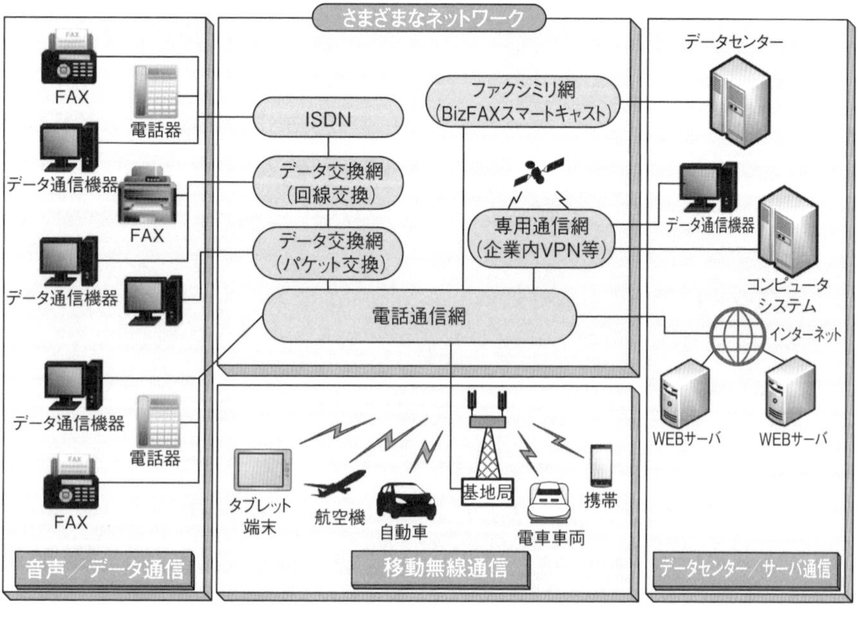

1-10 電話網

ネットワーク構成の基本的な形態として、メッシュ接続（網状網）とスター接続（星状網）があります。メッシュ接続は全端末間を信号線で接続した形状であり、スター接続は交換機を中継して各端末を接続する形状です。

伝送路の構築費用は、接続数が少ないスター接続の方が安価に構築できます。電話網は両者のメリットを取り合わせた複合の形態をとっています。これは、通話量を考慮して交換機と伝送路の総経費が低くなるように、スター接続の一部の交換網間に直通回線を（斜め）構築しています。

●市外電話網

日本の電話網は、全国を区域に細分化し各地域に交換機を配置しており、最小単位は**加入区域**となります。また、電話網は、2段階で構成されており、加入者交換機能を有する加入者系と中継線交換機能を有する中継系とに分類されます。このように区域と交換機に段階を持たせて配置する方法を**帯域制**、交換局の分類を**局階位**と呼びます。

群局（GC）と中継局（ZC）の役割は、次のとおりです。

・**群局（GC）**：加入者交換機（LS）が配置され、加入者電話と接続。
・**中継局（ZC）**：中継線交換（TS）が配置され、群局（GC）の回線を集約。

また、通信頻度の低い地域では、群局（GC）の下に単位局（UC）を配置します。特定中継局（SZC）は、県間通信や国際通信の集約および、中継を行うために配置されます（図1-10-1）。

●市内電話網

1つの加入区域には、群局（GC）および単位局（UC）が配置され、対象地域の全加入者線を収容します。加入者線が多い場合は、複数の交換局で収納します。この複数の交換局に置かれた加入区域を**複局地**と呼び、分割した交換局を**分局**または**従局**と呼びます。一方、全加入者を1つの交換局に収容する加入区域を**単局地**と呼びます（図1-10-2）。

- **複数の交換局**：複局地（Multi Office）
- **LO**：分局（Local Office）
- **SO**：従局（Satellite Office）
- **1つの交換局**：単局地（Single Office）

図1-10-1　市外帯域制の構成

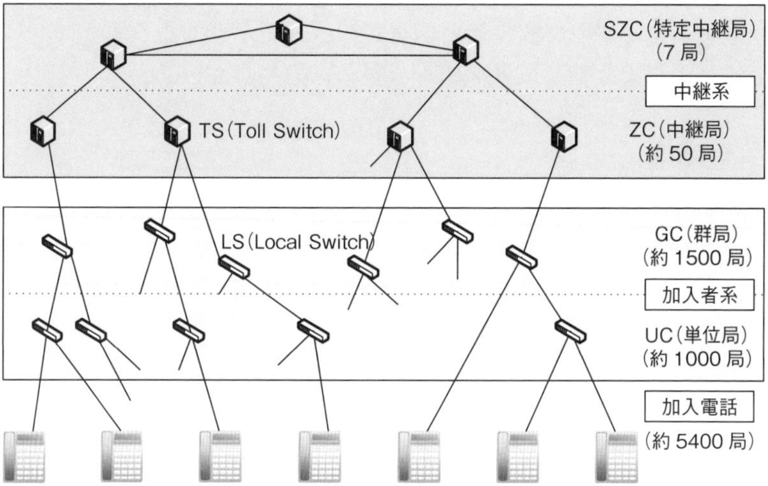

図1-10-2　市内電話網の複局地

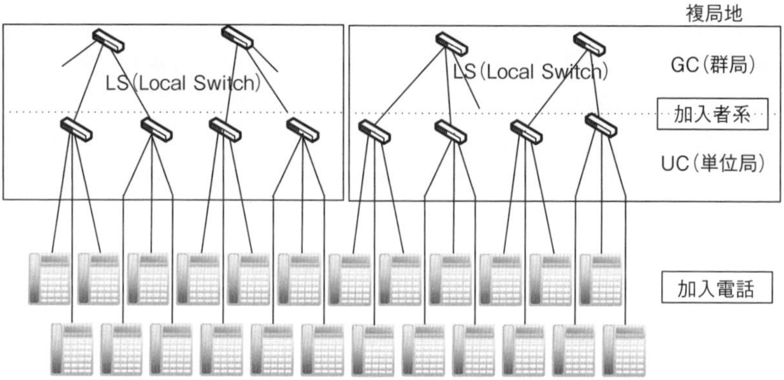

1-11 通信に使われる端末設備

●有線での端末設備の範囲

端末設備は、同一の構内（敷地内）または同一建物（ビル）内であるものをいいます。また、端末設備は、配線設備（屋内配線）と電話などの端末機器を合わせた設備としています（図 1-11-1、図 1-11-2）。

・**端末設備**：配線設備と端末機器の総称。
・**分界点**：保安器の利用者側のネジ止め端子までとなる。
・**配線設備**：端末設備を事業者用電気通信設備に接続する、線路、保安器およびその他の機器。
・**端末機器**：ローゼットに直接接続する電話、ファックス、ISDN 機器などがある。NTT からのレンタル電話機（レンタル端末器）も事業法で規定されている端末機器になる。また、電話機のコードも含む。

図 1-11-1　事業所での端末設備

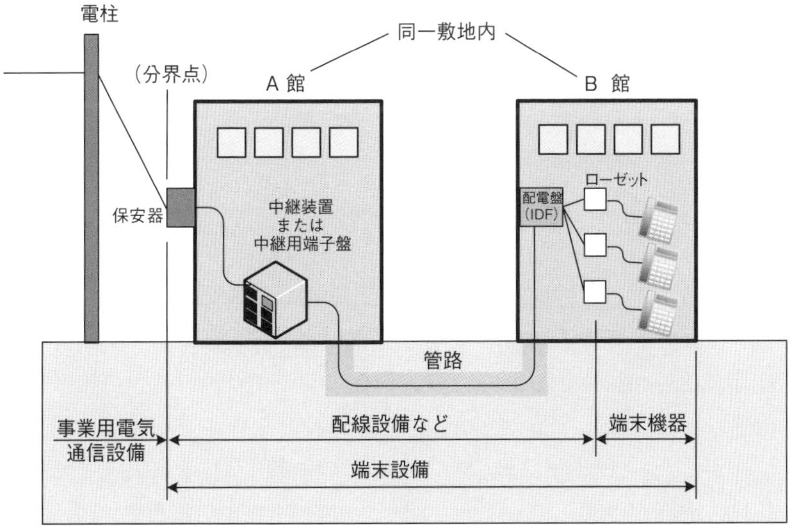

図 1-11-2　一般家庭の端末設備

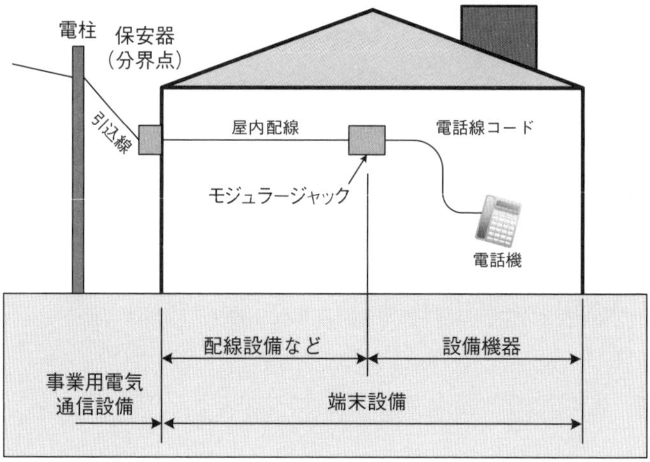

●端末設備

端末設備は、身近でよく使用する設備をピックアップして、簡単に機能概略を説明します。

電話機

電話機の電線は2線式が一般的となっており、接続図は図1-11-3のようになっています。送話器に音声による音圧を加えると、振動板が振動して炭素粉が抵抗変化を生じます。この抵抗変化に応じた電流が受話器のコイルに流れることで、受話器の振動番が振動して音声を伝えることができます。

コードレス電話

コードレス電話は、電話通信回線と接続される親機（接続装置）と子機（コードレス電話機）とで構成され、家庭内、事象所内など特定通信距離内で移動しながら会話ができる無線を利用した電話機です。

1987年に250/380 MHz帯の周波数を使用するアナログコードレス電話が制度化され、1993年に1.9 GHz帯を使用するデジタルコードレス電話が制度化されました。2003年には、2.4 GHz帯の無線LANを使用したデジタルコードレス電話が登場しました。しかし、無線LANや家電との電波干渉が問題となるため、現在では他機器と電波干渉の影響の少ない 1.9 GHz 帯の規格が広く使用されています。

ファクシミリ

ファクシミリは、送信側で原画に光を照射しその反射光を受光センサーなどで電気信号に変換して、画素の明暗に応じた信号を取り出します。この信号を**画像信号**と呼びます。

受信側では、画信号に応じて記録装置で画像を復元します。図 1-11-4 にファクシミリの構成を示します。

図 1-11-3　電話の信号接続

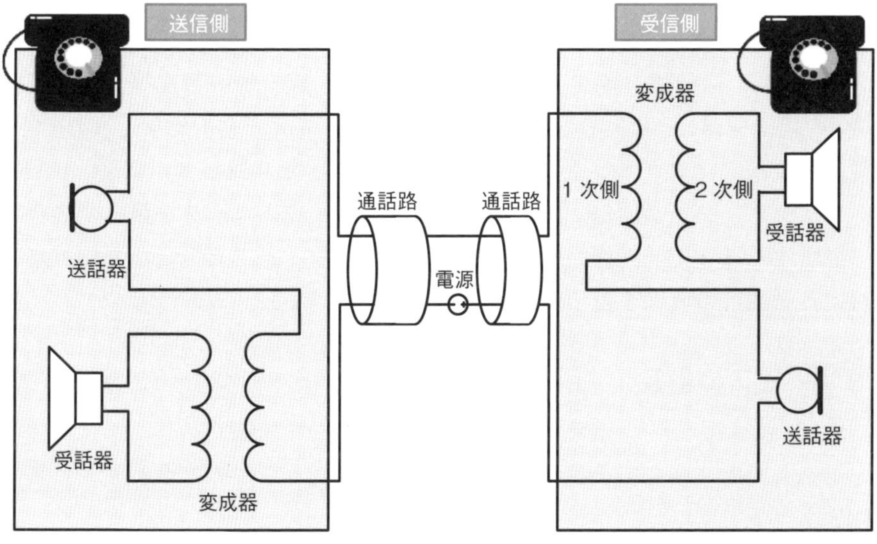

図 1-11-4　ファクシミリの信号接続

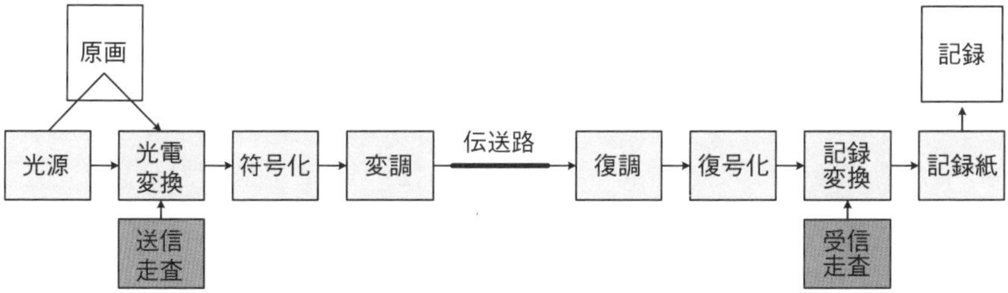

1-12 総合デジタル通信の技術

統合デジタル通信（ISDN：Integrated Service Digital Network）は、従来において各アナログネットワークで提供されていた電話、FAX、データ通信、画像情報のサービスを1つのデジタル化されたネットワークを用いて総合的に提供するデジタル通信網です。しかし、NTTでは2018年11月末で新規加入受け付けを終了し、2024年1月より順次ISDNのサポートを終了していく予定となっています（図1-12-1参照）。

●ISDNとは

ISDNは、通信網の機能（通信端末、アクセス網、加入者交換、中継交換機、中継伝送路、その他の付帯設備など）をすべてデジタル化するものです。従来はこのアナログネットワークで提供されてきたサービス（電話、FAX、テレックス、データ通信、画像通信）を1つのネットワークを用いて総合的に提供することで、設備のコスト低減と効率化など、さまざまな通信需要に対する融通性の確保を狙って開発されました（図1-12-2参照）。

●サービスの特長

ISDN技術を使用したデジタル方式の公衆サービス網であり、任意の相手を選択し必要に応じてその都度接続して通信を行うことのできるサービスがINSネットです。

・アナログ網に比べて高速、高品質な通信が可能。
　64 kbpsを基本速度として、最大1.5 Mbpsまで利用可能。
・1本の回線で複数の通信が同時に実施可能。
　“電話＋FAX”や“電話＋インターネット通信”のように同時に使用することができる［最大で64 kbps×24回線（24 B）が同時利用可］。
・多種多様な通信が可能。
　回線交換とパケット交換、高速通信チャネルの利用、各種の付帯サービスなど、さまざまな種類の通信が可能。

図 1-12-1　ISDN 回線

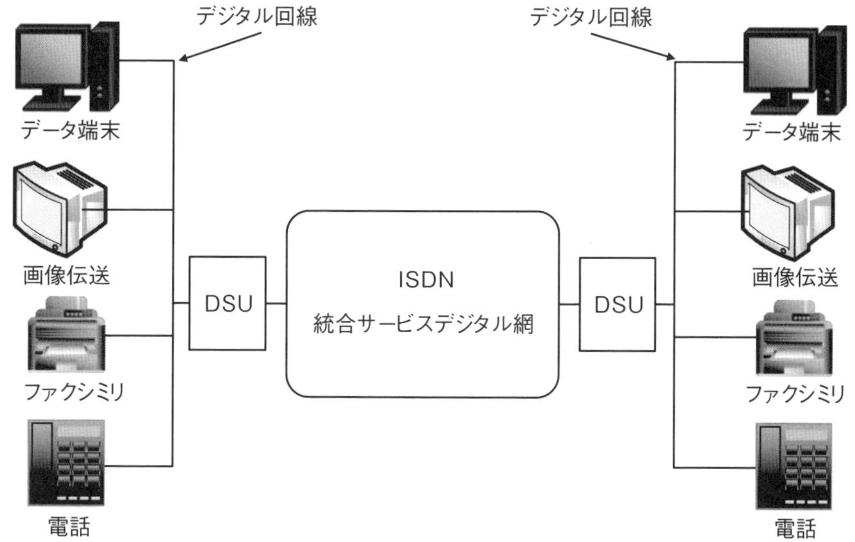

図 1-12-2　ISDN 回線の終端網

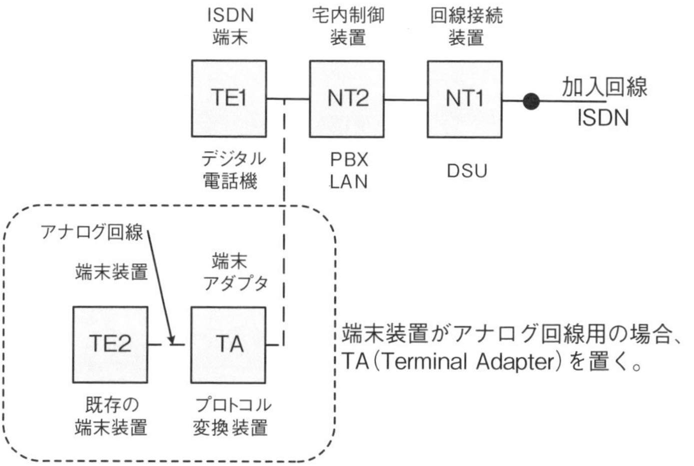

DSU：Digital Service Unit(デジタル変換)
TE：Terminal Equipment(端末装置)

●インタフェースの種類

ISDN ユーザ・網インタフェースには、一般加入者へ適用される基本インタフェース（BRI：Basic Rate Interface）と PBX、テレビ会議システムなどの大規模の事務所へ適用される一次群速度インタフェース（PRI：Primary Rate Interface）の 2 種が標準化されています。

チャネルの種別

ISDN で使用されるチャネルには、情報の転送速度や種類によって、次の 3 つに分類されます。

・B チャネル（情報チャネル）：64 kbps のデータ転送を可能とするチャネルで、デジタル音声などのデータ伝送路として使用される。

・H チャネル（高速信号チャネル）：64 kbps の B チャネルを複数同時使用にてデータを並列伝送することで、高速データ伝送を可能にしている回線交換方式専用のチャネル。H チャネルには、伝送速度別に 2 種ある。

H_0 チャネル： 384 kbps（64 kbps×6 本使用）

H_1 チャネル：1536 kbps（64 kbps×24 本使用）

・D チャネル（信号チャネル）：本チャネルは回線制御信号伝送用であるが、パケット通信にも使用することが可能。また、D チャネル 1 つで複数端末の制御信号伝送ができる。伝送速度は、インタフェース別に 2 種ある。

基本インタフェース　　　：16 kbps

一次群速度インタフェース：64 kbps

インタフェースの構造

・ISDN 基本インタフェース（BRI）：B チャネル×2 本（64 kbps×2）と D チャネル（16 kbps）で構成され、2B+D の構成を持つ。伝送速度は、最大で 144 kbps になる（図 1-12-3 参照）。

・一次群速度インタフェース（PRI）：B チャネル×24 本（64 kbps×24）の回線を D/B チャネルの同一回線で構成する 23B+D と、D チャネルを別回線として B チャネルすべてを 1 回線とする 24B/D の 2 種の構成がある。24

B/D の構成は、伝送速度が最大 1536 kbps になる（図 1-12-4 参照）。

図 1-12-3　ISDN 基本ユーザ・網インタフェース構成

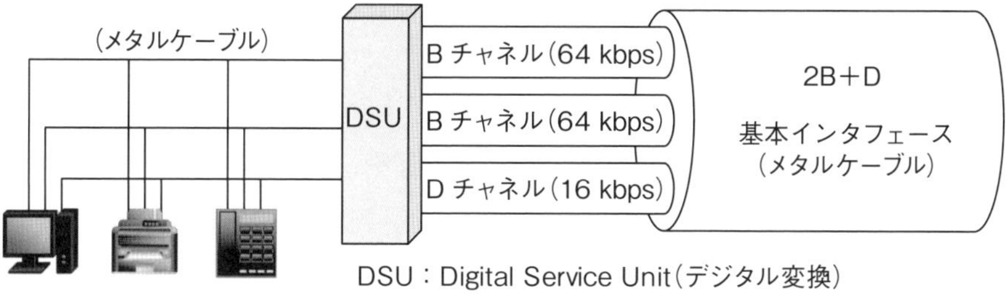

※B チャネルを 2 本同時使用して、128 kbps でデータ伝送することも可能。

図 1-12-4　ISDN 一次群速度インタフェース構成

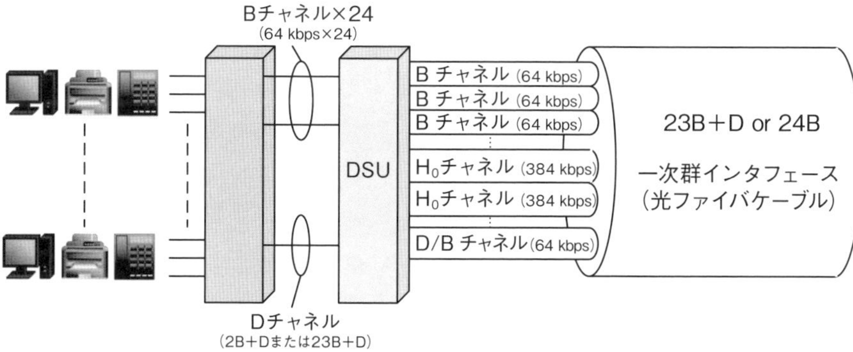

H_0チャネル（Bチャネル×6）＝64 kbps×6＝384 kbps
H_1チャネル（Bチャネル×24）＝64 kbps×24＝1,536 kbps

1-13 情報セキュリティの技術

端末設備などをインターネットに接続する場合には、インターネットに対するさまざまな脅威を想定した情報セキュリティの構築が必要です。そこで、企業がネットワークをインターネット回線に接続する場合には、ファイアウォールを設置します。さらに、セキュリティの確保を図るために認証によるアクセス制御を導入します。

ここでは、セキュリティを確保するための技術にどのようなものがあるのか、またどのような内容かについて、概要を説明します。

●電子認証とデジタル署名

電子認証技術とデジタル署名技術は、電子化された情報の正当性を証明する技術として、電子商取引や電子政府に利用されています。電子化された情報の機密性を保護するためには、暗号化方式の導入が非常に有効です。電子認証、デジタル署名の技術は、いずれもこの暗号化を採用しています。

暗号化とは、平文（元情報）に特定の処理（暗号アルゴリズム）で特定の受信者以外は理解不可の情報（暗号化）に変換することです。そして、この暗号文を平文（元情報）に戻すことを**復号**と呼びます。

暗号化と復号にはそれぞれ「鍵」が必要となります。鍵とは特定の文字列を指し、暗号化で使う鍵を「暗号鍵」、復号で使う鍵を**復号鍵**と呼びます。

暗号化方式には、暗号･復号に同一鍵と異種鍵を使用する方法があります。

・**共通鍵暗号化方式**：暗号化と復号に同一の鍵を使う暗号化方式。
・**公開鍵暗号化方式**：暗号化と復号に別々の鍵を使い、暗号化する鍵を誰でも利用できるように公開する方式。
・**ハイブリッド暗号化方式**：データを暗号化するための暗号鍵と鍵自体を暗号化する鍵暗号化鍵との２種類の鍵を使用する方法。

電子認証とは、インターネットなどのセキュリティ対策として、電子情報の正当性を電子的に認証させる方式で、次の4つがあります。

・**IDパスワード認証**：あらかじめ登録した利用者識別番号（ID）とパスワードによる本人を確認する方式。
・**所有物による認証**　使用者が所有する磁気カード、ICカードおよび使用する端末機器のMACアドレスなどを事前登録した認証方式。
・**バイオメトリック認証**：個人固有の生体的特徴または行動的特長を認識して特定の個人を認識する方式。
・**ワンタイムパスワード認証**：認証を行うたびに毎回異なるパスワードを使用する方式。

デジタル署名とは、ネットワーク上伝送される電子的な署名（暗号化された）で、公開鍵暗号方式を応用して、本人認証とメッセージ認証を同時に行う方法のことです。

また、公開鍵による暗号化およびデジタル署名を備え、インターネット上において安全な業務取引を実現するための電子通信を確保するシステム基盤のことを**PKI**（**公開鍵基盤**）といいます。

●セキュリティプロトコル

暗号技術を活用してネットワーク通信での情報の秘匿や通信者間の認証を行うためのプロトコルの総称です。

・**IPsec**：IPパケット単位での暗号化や認証および、データ改ざんを防止する秘匿機能を持つプロトコル。
・**SSL**：インターネット環境において、サーバ間通信を行う際に転送データの暗号化と認証を行う。
・**S-HTTP**：WEBの通信プロトコルであるHTTPへの暗号化またはセキュリティ機能を付加させるプロトコル（RFC 2660で定義）。同様のプロトコルとして、HTTPSがある。これは、SSL（Secure Sockets Layer）を使用してデータの暗号化を行う。近年ではHTTPSが多く使用されており、S-HTTPはあまり使用されなくなった。

・**PGP**：電子メールの盗聴や改ざんを防止する公開暗号化方式を使用した暗号化システム。

●端末設備とネットワークのセキュリティ

インターネット技術を利用した企業ネットワークなどのイントラネットをインターネットに接続するには、ファイアウォールを設置することでセキュリティを確保します。また､認証によるアクセス制限を実施します。その他、端末機器でのウィルスに対するセキュリティを確保します。

ファイアウォールとは､内部（イントラネット）と外部（インターネット）とのネットワーク上での接続ポイントに設置し、内部への不正なアクセス制限を行うシステム（機器）です。ファイアウォールには、次の３種類の方式があります。

・**パケットフィルタリング方式**：事前作成したアクセスリストにより、パケットのIPアドレスやポート番号を確認して、通信許可の判断処理を行う。
・**アプリケーションフィルタリング方式**：HTTPやFTPなどの通信を行う際、ファイアウォールのプロキシサーバが外部と代理で接続し、内容をフィルタリングして内部ネットワークのコンピュータに伝送する方式。直接内部コンピュータが外部接続しないので、直接の攻撃を回避できる。
・**ステートインスペクション方式**：内部コンピュータから送信されるデータをログとして記録し、外部のインターネットから返信されたデータのパケットが記録したログと整合するかを判断して、データの通過を許可する方式。仮にログに整合性がなければ､データはファイアウォールでブロックする(外部からの攻撃を阻止する)。

IDS（Intrusion Detection System：**不正侵入検知システム**）とは、インターネットなどの外部から内部コンピュータへのアクセスを監視し、不正と判断されるアクセスを発見した際に管理者へ通知を行うシステムです。

ウィルス対策とは、インターネットに接続するコンピュータにおいて、ウィルスの侵入に対する防御および駆除を装置側で対応する方法です。

・**パターンマッチング**：既知のウィスルの特徴パターンの定義ファイルを使用して、一致の有無を常時確認する方法。
・**チェックサム方式**：ハードディスク内の実行可能ファイルの状態（サイズやチェックサム）を記憶しておき、そのファイルの状態変化の有無を監視する方法。
・**ヒューリスティック方式**：ウィスル対策ソフトが、マルウェアの特徴的な挙動を確認することで検出する方法。これにより、ウィルスのパターン定義ファイルになくても検出を可能にする。

解凍キーは別メールで送信する

電子メールでデータを送信する際、データ圧縮して送信することがあります。この際、解凍キーは、圧縮ファイルを添付したメールには、記載しません。解凍キーは別のメールで相手に送信するようにしています。暗号化までの効力はないかもしれませんが、別メールで送信することで、圧縮ファイルは簡単には解凍できない状態になるので、ある程度のセキュリティは確保できます。皆さんもいかがでしょうか。

1-14 接続工事

●アナログ電話回線の概要

アナログ電話回線は、2線式回線を使用して電話機などの端末設備から交換機までを指します。

端末設備と通信業者との境界点は、図1-14-1に示すように電話線を需要者側で最初に受ける保安器またはMDF（Main Distributing Frame）となります。アナログ電話回線の接続点は2線で構成され、通常L1、L2で表現します。L1は大地接地であり、L2は−42 V〜−52 Vの電圧が給電されています。

●アナログ電話回線の線配線工事

保安装置は、誘導雷や電力線との接触などの事故時に発生する電流から、端末設備および顧客の安全を確保する理由で設置します。保安装置は、保安器・アース線・アース棒で構成します。また保安装置は、引き込み線と屋内線との間に設置されます。ここでは、保安器と接地について見てみます。

保安器は、ヒューズまたはサーミスタ・避雷器より構成され、落雷などの過大電圧が印加された場合、瞬間的に接地線より大地に放電します。

・**避雷器**：炭素避雷器は、L1、L2線と大地アース間に接続されている。しかし、個々の炭素避雷器の放電特性の違いにより片方が先に放電破壊を起こすと、L1、L2間に大きな電位差が発生する（図1-14-2）。

・**三極避雷器**：三極避雷管は、L1、L2線の電極がアース電極を挟む構造となっている。この構造によりL1とL2間で同時放電が行われるため、炭素避雷器のようなL1、L2間に大きな電位差は生じない（図1-14-3）。

アース線は、保安器とアース棒を接続します。600 Vビニル絶縁電線が使用されます。

アース棒は、一般的には、金属製（銅）のものが使用されます。土壌の腐食が激しいと考えられる場所では、炭素接地棒が使用されます。

図 1-14-1　電話回線の接続概念図

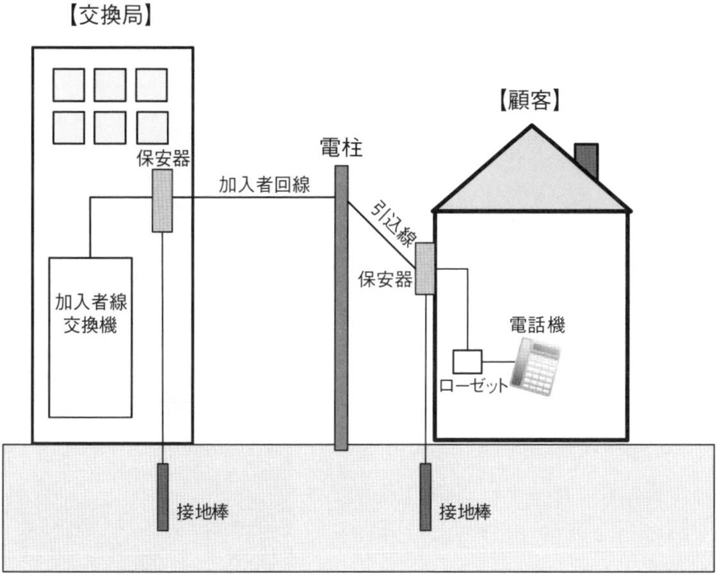

図 1-14-2　炭素避雷器の機能

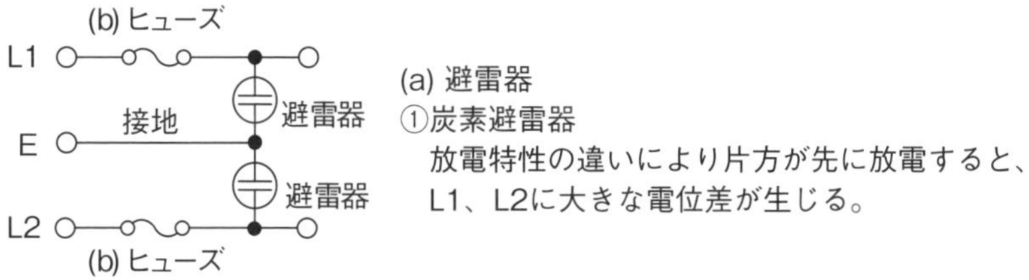

図 1-14-3　三極避雷器の機能

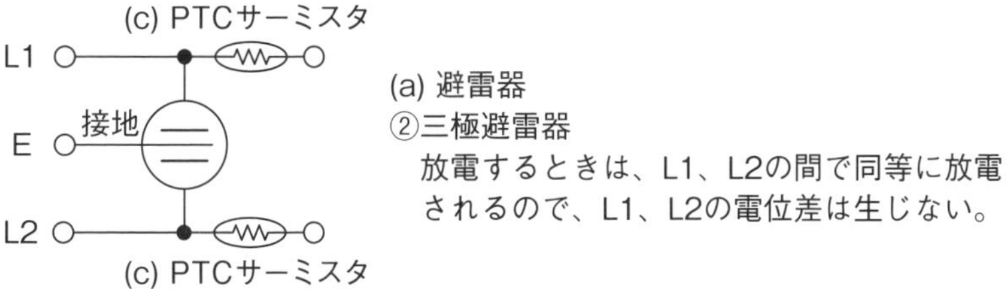

消防の 119 番と警察の 110 番

緊急電話では、消防が 119 番で警察が 110 番となっています。では、なぜ 119 番と 110 番となっているのでしょうか？

これは、緊急時での電話のかけ間違いを少なくするためとされています。警察を呼ぶ際は、それなりに急いていることと思いますが、その状況を察しての判断と思います。決めた当時は、回転ダイヤル式電話しかありませんでした。この回転式ダイヤル電話を使用して短時間で掛け間違いのないようにするため、以下の条件で設定しています。

【条件】

回転式ダイヤルの穴に指を入れて回転させますが、このときとなりに穴の空いていない番号は、1 番と 0 番になります。この隣に穴の空いていない番号にすることで、指を入れる際に間違いが発生しないよう配慮されています。

一方消防署は、昭和 2 年まで「112」となっていました。しかし、ダイヤル式電話への慣れがなく（以前はダイヤルがなく交換台に伝えていた）接続ミスが多かったこと、最後に 9 番を回すことにより落ち着いて話すことができるようにとの理由で現在の 119 番になっています。

現在では、ダイヤル式はほとんどなくなっていますが、掛け間違いのミスを回避する配慮はどちらにもあったのですね。プッシュボタンタイプとなった現在では、あまり意味がないかもしれませんね。

第2章

電話

私たちは、情報などを短時間で簡単に通知する手法として、電話や携帯電話を良く使用します。しかし、その仕組みについては、理解できていない部分が多くあります。

ここでは、その電話および携帯電話などの通信の基本技術分野について、その技術の扉を開けてみましょう。

2-1 電話交換機

電話交換機とは、登録している多くの端末（電話器など）が相手の端末（電話器など）と接続して会話ができるように回線を自動で接続する機器です。交換機がない場合では、端末同士を直接信号線で接続を行う必要があります。仮に10台の端末が存在した場合にその端末が他の端末と接続するには、全45本の伝送線が必要になります。交換機があれば、伝送線は全10本と少なく、安価なシステムで済みます。

●交換機の基本構成

電話回線の交換処理に必要な装置として、図2-1-1に示すように通話路を形成する**通話路スイッチ網**、交換動作に必要な情報を識別して動作指示を行う**機能制御**、端末との信号の送受信など加入者の状態を監視する**加入者回路**、**トランク回路**および**信号制御**より構成されています。さらにデジタル交換機や電子交換機の場合には、**機能制御用ソフトウェア**も構成要素として入ってきます。

・**通話路スイッチ網**：発信者と受信者間の通話路を構成して接続／切断の処理を、機能制御の動作にて処理する。

・**機能制御**：加入者線や中継線の信号情報より、構成回路全体を制御して接続処理を行う。監視および選択の各信号により、受信者識別と出線選択、選択信号の送出および通話路構成の指示を行う。

・**加入者回路**：加入者線毎に設置する回路。本回路は、端末機器の発呼と終話の各信号を監視する。

・**トランク回路**：中継線毎に設置する回路。本回路は、中継線の応答と終話の各信号の状態監視を行う。また、通話電流の給電も行う。

・**信号制御**：端末機器や他交換機経由での発信者と選択信号の制御を行う。

図 2-1-1　交換機の基本構成

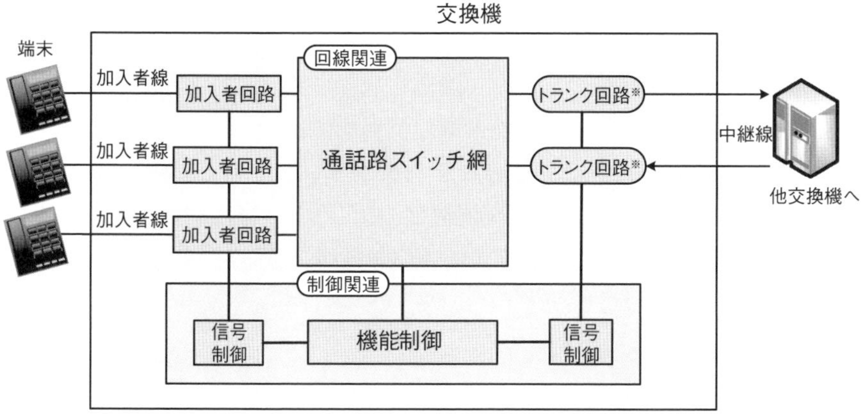

※トランク回路：デジタル交換機でDP方式を用いたアナログ回線のみ装備。

電話線の交換機

電話線の交換機は、現在のデジタル交換機になるまで、いろいろなタイプの交換機がありました。その歴史の一部を以下に記載します。現在では、すべての交換機がデジタル式に全数が交換されているようです。電話回線は、これまで交換機を使用した運用でしたが、2024年よりIP網に順次切り替えを行い、2025年にはすべての電話回線がIP網に移行する予定となっています。

年	交換方式	通話スイッチ	制御方式	電話回路				中継線路
				DP	DTMF	ISDN	PHS	
1880	ステップバイステップ式	稼働接点	ダイヤルパルス直接	○	×	×	×	ツイストペアケーブル
1920	クロスバー式	クロスバースイッチ	布線論理間接制御	○	○	×	×	導波管
1960	電子式	多接点封止形	蓄積プログラム方式	○	○	×	×	同軸ケーブル
1970	デジタル式	時分割		○	○	○	○	光ファイバ

●デジタル交換機

デジタル交換機は、音声情報をPCM方式でデジタルに変換して伝送を行います。しかし、電話端末までをすべてデジタル化することは困難であったため、デジタル式交換機はアナログ端末も収容できるようアナログ形式とデジタル形式を相互に変換する機能も有しています。

デジタル交換機は、ハードとそれを制御するソフトの双方の動作により、交換処理しています。デジタル交換機は、図2-1-1とほぼ同様の構成となっており、図2-1-2のように通話路制御、信号制御、機能制御およびインタフェースから構成されます。

・**加入者回路**：端末からの発呼要求の検出、アナログからデジタルに変換/逆変換する機能を持ち、端末機器への通話電流の給電も行っている。
・**通話路スイッチ**：通話路スイッチには、集線段、分配段により構成されている。集線段や分配段では、時分割方式により多くの加入者回路からのデータを1つの大容量データに変換する（図2-1-3)。

データのトラフィックを絞ることを**集束**または**集線**といいます。データを集線した後、分配段に接続されている**ハイウェイ**と呼ばれる伝送路上のタイムスロット（高速のデータ伝送路）に乗せていきます。

ハイウェイで送信されてきたデータを時分割分配段通話路でタイムスロットの入れ替えを行います。タイムスロットの入れ替えには2通りあり、同一ハイウェイ上のタイムスロット間の入れ替えを行う**時間スイッチ**（**Tスイッチ**）と、複数のハイウェイ間で多重化したままタイムスロットの入れ替えを行う**空間スイッチ**（**Sスイッチ**）があります。

通話情報は、上記内容で切り替えられた後、中継線で受信者側の交換機に伝送されます。転送されたデータは、分配段と集線段を通って受信者側の電話機に届けられます（図2-1-4)。

図 2-1-2　デジタル交換機の構成

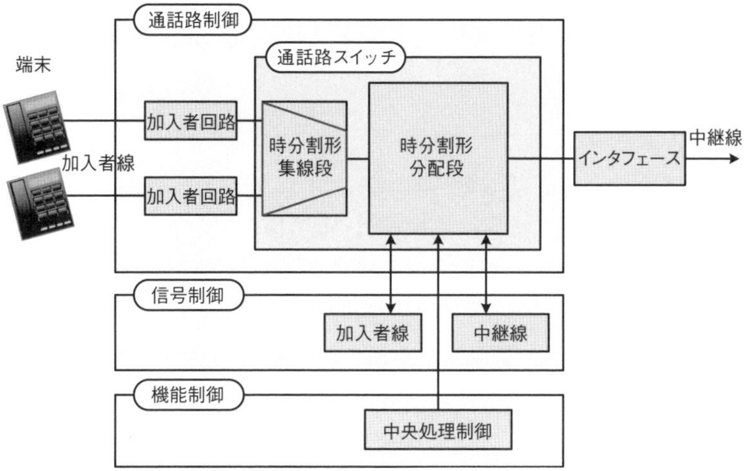

図 2-1-3　時分割多重化の例

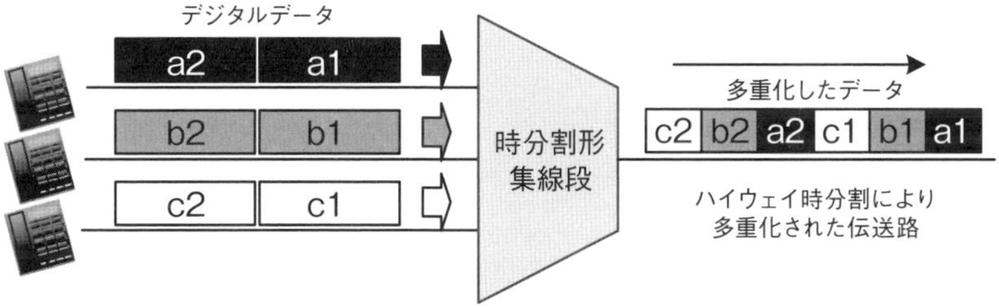

図 2-1-4　時分割形通話路での切り替え

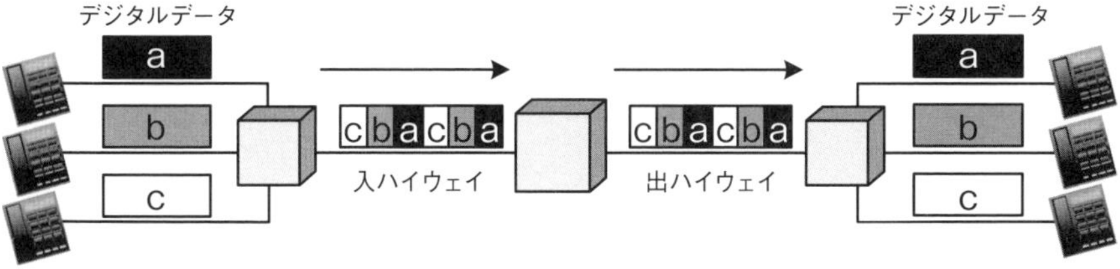

2-2 電話機

●電話機の接続動作

電話をかける場合、受話器を持ち上げ（オフフック）により交換機に発信するための信号を送信します。交換機は、電話機に発信音（ダイヤルトーン）を送信します。発信音を確認してからダイヤルをすると、交換機はダイヤルから相手を特定して、着信側の電話機に呼出信号を送信します。

この呼出信号とともに、発信側電話機に呼出音(RBT:リングバックトーン)を返します。この状態で着信側電話機から受話器を取り上げると、通話が可能になります。しかし、着信側電話機が使用中（話中）の場合、交換機は発信者電話機に話中音（ビジートーン）を返します。

通話終了により受話器を置くと交換機間を含む通信が完了し、初期状態になります。この通話の動作シーケンスを図 2-2-1 に示します。

図 2-2-1　通話の動作シーケンス

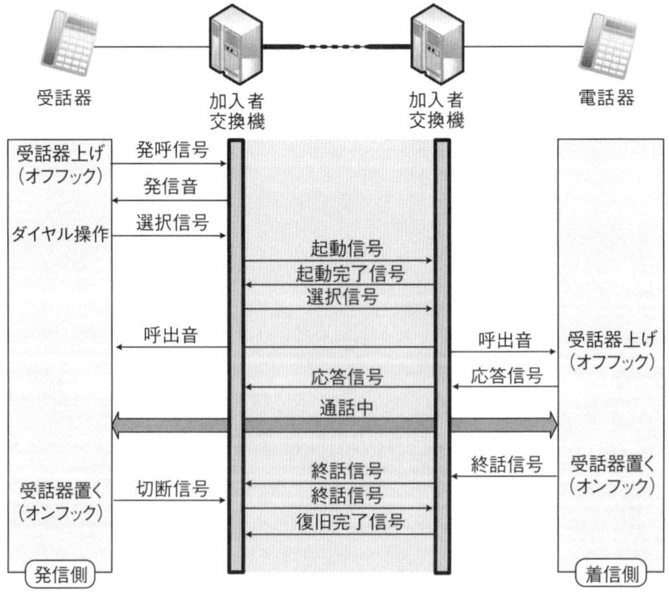

●電話の動作

・**発呼**：受話器を持ちあげると、図 2-2-2 のフックスイッチ（HS）が ON となります。ON となったことで電話機内の直流ループが、形成される。電話線の L1、L2 間は交換機から－48V 電圧供給されているので、ループ内に電流が流れる。

・**ダイヤル**：ダイヤルをすると、図 2-2-2 のダイヤルスイッチの OFF-ON 操作によりパルス信号が発生し、選択信号として交換機に通知される。

・**呼出**：着信側電話機に対して、回線の＋－の極性を反転させて（L1、L2 の電圧逆）、75 V、16 Hz の交流信号を 1 秒間送出、2 秒間停止の繰り返しにて呼出用の信号を送信する。本信号により、受信者側の電話機のベルが鳴動する。

・**通話**：着信側の電話機にて、受話器を持ちあげる図 2-2-3 のフックスイッチが ON となる。この ON 信号により、交換機は応答を認識する。

・**終話**：受話器を置く（オフフック）と、電話線のループ内電流が OFF になるので、交換機は通話終了を認識して通話状態を完了にする。

図 2-2-2　発信側電話機の概要

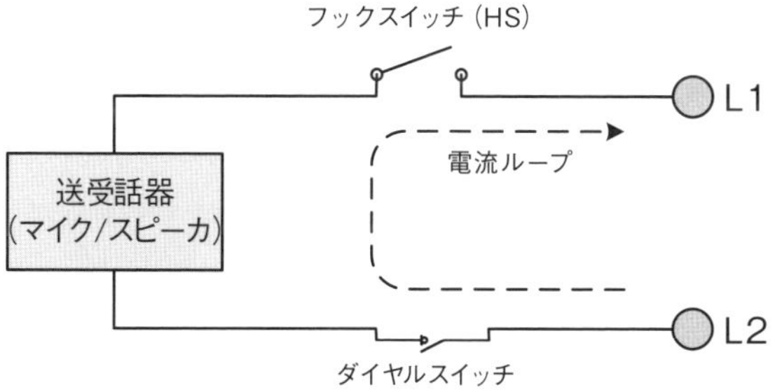

図 2-2-3　着信側電話機の概要

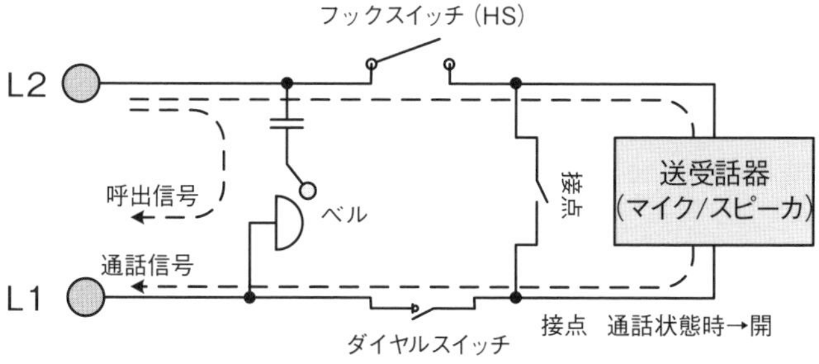

2-3 ボタン電話主装置

電話の外線に接続される主装置は、小型・小規模の交換機を指します。これは、小規模の事務所などで電話線を引く場合、通常では電話機の台数分の外線が必要になります。しかし、全員が外線を同時に使用することはありません。したがって、少ない外線数で効率よく運用するため、外線を複数の内線電話に切り替える装置が必要になります。ボタン電話装置は、この電話機に回線切り替えボタンを組み込み、複数の電話機で複数の電話回線を有効に活用する一連のシステムを指します（図2-3-1、図2-3-2）。

●ボタン電話の主なサービス

ボタン電話の主なサービスを次に示します。

・**キャンプオン**：内線での呼出しにて相手が話中のとき、そのままの呼出し状態で待機すると、相手電話の終了時に話中から呼出しに自動で切り替わる機能。

・**アッドオン**：内線での通話中に他１名を追加で内線接続し、同一内線にて三者会話を行う機能。

・**ページング**：構内の呼出しを電話機の内蔵スピーカまたは外部接続スピーカを使用して音声にて行う機能。

・**ワンタッチダイヤル**：メモリボタンに電話番号を記憶させて、ワンタッチでダイヤルを行う機能。

・**ワンタッチボタン**：番号登録時にダイヤル情報だけでなく、スピーカ押下ボタン情報および外線押下ボタン情報も合わせて登録できる機能。

・**ホットライン**：特定の２つの電話機間のみで使用することのできる特定の内線回線を使用して、通話する機能。この内線は、ボタン１つでの呼出しが可能。

・**プライベートライン**：特定の内線電話機と外線を接続するための専用回線を設定する機能。

図 2-3-1　主装置を使用しない場合の接続

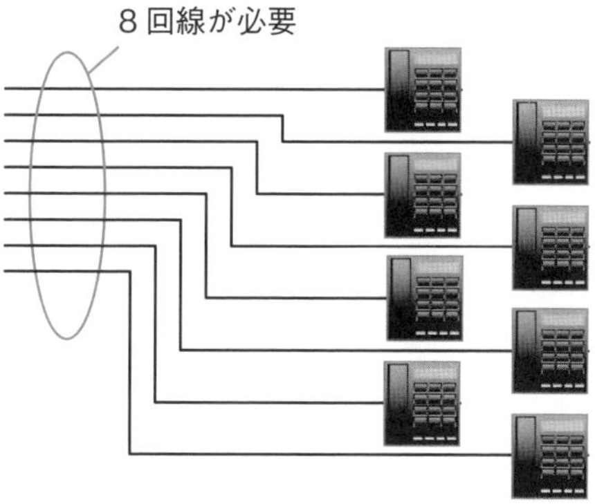

図 2-3-2　主装置を使用した場合の接続

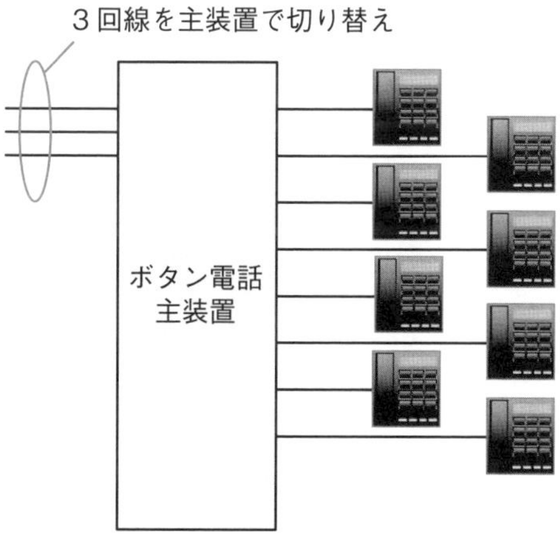

2-4 電話線

電話線には、メタリックケーブルと光ファイバケーブルに大きく分かれます。メタリックケーブルは、平衡対ケーブルと同軸ケーブルとに分けられます。ここでは、メタリックケーブルについて説明します。光ファイバケーブルは、第4章で説明します（図2-4-1）。

●メタリックケーブル

メタリックケーブルは、信号伝送の導体が銅などの金属でできている伝送媒体指します。ケーブルは構造別に、平衡対ケーブルと**同軸ケーブル**に分類できます。**平衡対ケーブル**は、2本の導体が並行に配置されたケーブルです。**同軸線**は、内部導体と同心円状に導体（メッシュ状の銅線）を配置した外部導体の構造を持っており、伝送インピーダンスが一定となるように内部導体と外部導体の距離が一定となっています。

平衡対ケーブルは、電気的に対称な2本の導線で構成されています。

2本または4本の芯線を撚り線とした構造または、2本の撚り線を1対とした構造を持っています（表2-4-1）。

撚り線は単なる2本の平行線と比較し、ノイズに強い特性を持っています。これは、導線を流れる信号電流で発生する磁束が、撚り線同士が逆の磁界となるため、伝送信号による外部への磁界ノイズの発生を低減できるからです。また、外部への磁界影響がないことは、外部からの磁界影響を受けにくくなる特徴も合わせて持つことになります。さらに、撚り線がデファレンシャルモードで信号伝送をしているのに対し、外来ノイズはコモンモード信号として重畳するため、受信側の差動信号受信などでノイズの除去が可能になることがその理由です。

図2-4-1　電話線で使用されるケーブル一覧

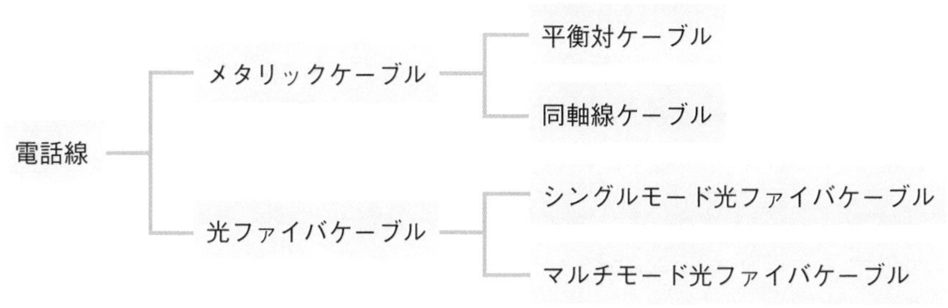

表2-4-1　心線の撚り一覧

	シンボル
対撚り線	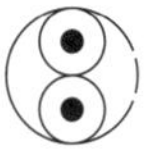
星形カッド	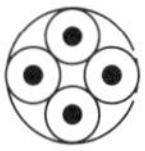
DM カッド	

平衡対ケーブルは、芯線の導体抵抗などの影響により伝送損失が発生します。この伝送損失によって、信号レベルが減衰して長距離の伝送ができなくなります。信号の伝送損失を軽減して長距離伝送を可能にするには、次に示す手法を取ります。

・**電気抵抗の低下（低抵抗の導体）**：電気を通す導体として低抵抗のものは、銀、銅、アルミニウムがある。この中で安価で接続加工しやすい金属は銅であり、一般的によく使用されている。

・**導線の断面積拡大**：芯線の断面積を大きくすることで、基本的に抵抗値を低下させることができる。しかし、伝送する周波数が高くなると、**表皮効果**（導体表面のみに電流が流れる）の影響が大きくなり、あまり抵抗値は低くならない。また、太いケーブルを使用すると伝送インピーダンスが変化する。
・**導体間の静電容量を減少**：導体間の静電容量が大きいと、容量成分と抵抗成分で一次フィルタが構成されるため高周波信号で信号減衰が大きくなる。静電容量は、使用する材料の誘電率で決まるので、誘電率の低い材料を使用したケーブルにする必要がある。
・**導体の自己インダクタンスを増加**：**装荷ケーブル**と呼び、一定間隔でコイルをケーブルに直列に挿入し、線間容量による信号減衰を等価補償するもの。この装荷ケーブルは、コロンビア大学のビュピン教授が伝送解析を行って、一定間隔にコイルを挿入することで信号減衰を抑えることができたことを見つけ、1899年に特許取得している。本ケーブルは、信号の伝搬速度の遅延、位相歪の発生や3kHz以上で急激に減衰量が増加するため、今では短距離市街回線、同一効果区域内の電話局の相互の中継線に用いられている。

内部導体A、絶縁体B、その周囲を外部導線Cで囲い、最後に外部被覆のビニールで構成したものを**同軸ケーブル**と呼びます。内部導体と外部導体で往復の信号線路を構築しています。内部導線は、同心円状の絶縁体と外部導線が配置しているため、伝送インピーダンスが保持された状態で、外部への電磁界の影響が少ないケーブルです。伝送インピーダンスが一定なので、高周波信号伝送に用いられます（図2-4-2、表2-4-2）。

図 2-4-2　同軸ケーブルの名称

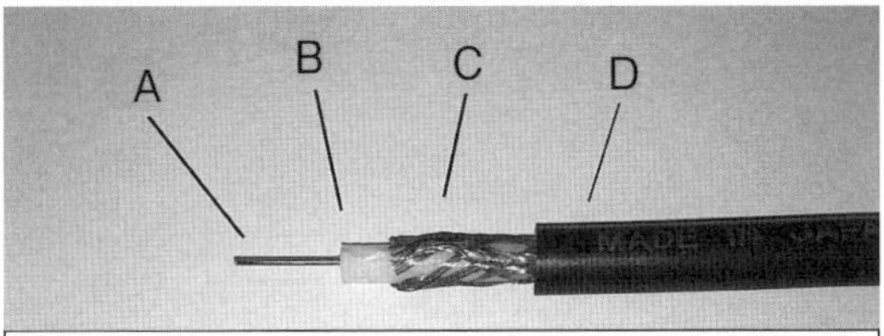

A：内部導線　(銅単線)
B：絶縁体　　(ポリエチレン)
C：外部導線　(銅アミシールド)
D：保護被覆　(ビニール)

表 2-4-2　同軸ケーブル表示規格一覧表

【JIS 表示】 S − 3C − 2V ①　②③　④⑤		
項	表示項目	詳細内容
①	対応周波数	S 付きは、BS,CS に対応。表示なしは、未対応。
②	直径	ケーブルの外部導体の直径を mm で表記。(例では、3 mm)
③	特性インピーダンス	C ＝ 75 Ω (テレビ用は、C の 75 Ω) D ＝ 50 Ω
④	絶縁材の材料	2 ＝充実ポリエチレン F ＝発泡ポリエチレン HF＝高発泡ポリエチレン
⑤	外部導体の形状	V ＝単層 (一重導体編組) W ＝編組 2 重 (二重導体編組) B ＝アルミ箔テープ付銅編組 BL ＝編組 3 重

2-5 PHS交換機

携帯電話は、そのすべてのネットワークを独自に構成しています。しかし、PHSは、NTTのネットワークに依存して構築されています。PHSは、NTTの公衆電話網であるISDN（サービス総合デジタル網）回線に基地局を接続しています。これを**NTT網依存型**と呼びます。一方、**NTT網接続型**は、PHSの交換機、回線設備までのすべてのシステムをPHS利用者側が持ち、NTT公衆網と網間接続をする方式です。

●NTT網依存型

NTT網依存型は、PHS基地局、交換機、共通線信号網のすべてをNTTの公衆電話網を使用して構築しています。したがって、本NTT網依存型でのPHS交換機は、ISDN回線の交換機となります。PHSがNTTの公衆回線網を利用するメリットは、以下のとおりです[注)]。

- ・自前のネットワークを構築する必要がないため、事業者は初期投資を抑えることができる。これにより、携帯電話よりも安いコストでサービスの提供が可能になる。
- ・ISDN回線に接続することで、高速なデータ通信を実現できる。上り下りともに64 kbpsの通信速度は、パソコンやPDAなどと組み合わせて使うモバイル用途に最適である。

図2-5-1にPHSのNTT網接続型のシステム構成を示します。この図のデジタルネットワークは、公衆ISDN回線を使用したネットワークとなります。PHSサービス制御局は、各フリーダイヤルや各種クレジットなどを含むネットワーク処理を行っています。またPHSは、位置登録や番号変換などを実施します。これによりPHSは、全国の交換機と接続を可能にしています。

注：PHS導入当時の内容。

図 2-5-1　PHS システム構成

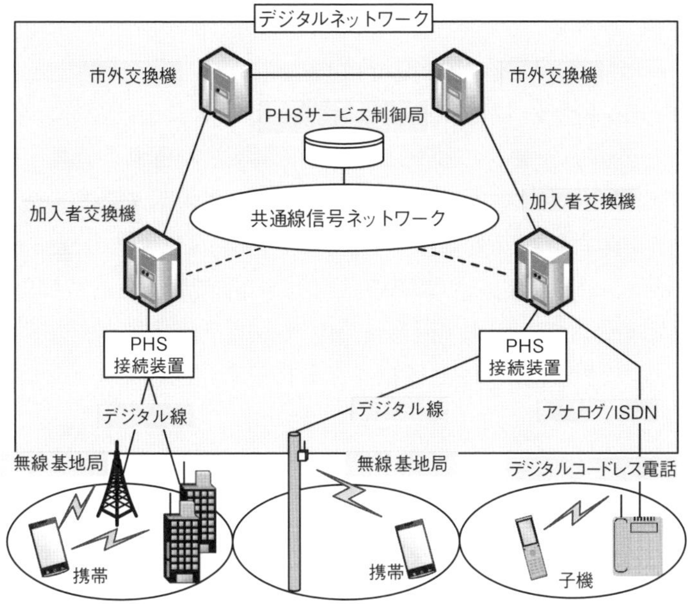

図 2-5-2　PHS 構内システム構成

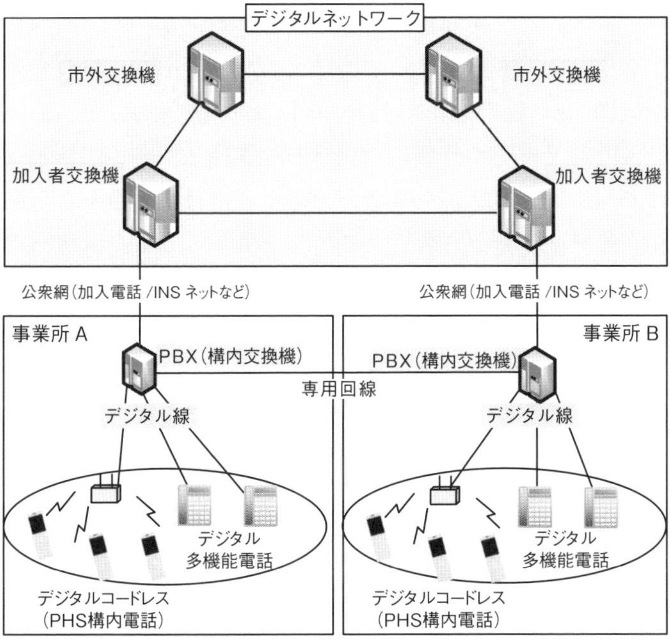

事業所は、PBXで内線通話を可能にしている。

● NTT 網接続型

PHS 交換機は、NTT 網依存型では ISDN のデジタル交換機となります。一方、NTT 網接続型の PHS 交換機は、代表的なものに会社企業の事業所で設置される PBX があります。図 2-5-2 に NTT 網接続型構成の概要を示します。

NTT 網接続型のシステム構成は、構内すべての端末装置（電話、デジタルコードレス電話用基地局、FAX など）をすべての構内交換機（PBX：Private Branch eXchanger）に接続します。構内からの電話は、構内交換機がいったん受けて、内線 / 外線を分けて、電話番号に従って接続処理を行います。次に PBX の構成と各機能を示します。機能ブロック図を図 2-5-3 に示します。

・**ライン回路（内線回路）**：音声などの情報と、相手電話番号や通信機器の状態などの通信を制御するための制御信号の送受信を行う。

・**通話路スイッチ**：PCM 符号化されて多重化されたデジタル情報をそのまま使用して交換処理することを可能としている。また、このデジタル情報を基に内部相互や内線や公衆回線との通話路接続などを行う。回線の交換操作には、時間スイッチと空間スイッチの 2 種のスイッチが使用される。

・**トランク回路（外線回路）**：外部接続のための伝送インタフェース回路と構内交換設備内部との交換処理用の回路との 2 種類に機能が分類される。トランク回路で伝送インタフェース機能を持つ回路は、専用線と公衆回線用の局線に接続する機能に分類される。このデジタルトランクは、回線の 2 線／4 線の変換とアナログ／デジタル変換機能を持つ CODEC の機能を含む。

・**制御装置**：通話路スイッチの動作を行うための機能制御を行う。プロセッサの構成は、複数の機能を複数のプロセッサ機能分担させる**機能分散方式**と、負荷の量に応じてプロセッサ数を調整する**負荷分散方式**の 2 種の方式がある。その他、PBX の主なサービスを表 2-5-1 に示す。

図 2-5-3　PBX の内部構成の概要

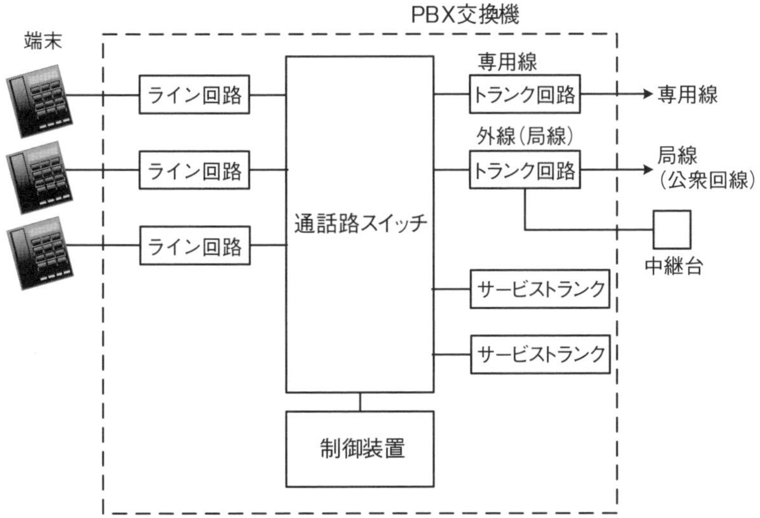

表 2-5-1　PBX の主なサービス機能

名称	サービス内容
シリーズコール	内線の受話器を置くと中継台を呼出して、次の待機内線に接続。
内線リセットコール	話中時、末尾 1 ケタのダイヤルで末尾番号が異なる内線に接続。
コールトランスファ	内線をフッキング操作で、第三者に転送。
コールウェイティング	話中の内線に割込み音を送出後、フッキング操作で別相手と通話。
コールピックアップ	グループ内線の着信時、グループ内の他内線から応答。
コールパーク	通話中に内線呼出時、他の内線から応答。
自動キャンプオン	相手が話中のとき、通話終了時に自分の電話が鳴動。
内線アッドオン	内線通話にて、他の内線を通話に加えて三者で通話可能。
ベーシングトランスファ	不在時で外線着信時、構内放送で呼出し、応答した内線に転送。

2-6 PHS 基地局（アンテナ）

●ダイバーシティ

PHS システムでは、基地局に 2 本のアンテナを設置して電波送信時にダイバーシティを採用します。基地局のアンテナから放射された電波は、建物の壁などに反射して、複数の経路を伝わった後に PHS で受信することになります（図 2-6-1 参照）。

基地局と PHS 間に障害物がなく直線距離で電波が到着する場合、最短時間となります。しかし、放射した電波が建造物などで反射して PHS に到達するものも存在します。このように電波の到達経路が異なると、距離や到達時間に違いが発生します。

PHS に使用する電波の周波数は 1.9 GHz なので、1 波長の長さは約 16 cm となります。したがって、伝播距離の差分が 16 cm の整数倍であるとき、2 つの電波は波の重ね合わせにより大きくなります。しかし、伝播距離が 8 cm の半波長の整数倍の場合、電波の位相が 180 度ずれて丁度逆相になり、重ね合わせた電波の振幅はプラスとマイナスの加算になので、非常に小さくなります（図 2-6-2）。

このため、PHS はサービスエリア内であっても電波受信強度は、一定とはなりません。この環境で PHS の位置を移動させると、移動時間に伴って電波受信強度が変化します。この電波強度の変化を**フェージング**と呼びます。

ダイバーシティは、場所によって受信感度の異なるこのフェージングを使用します。基地局の 2 本のアンテナを半波長（1/2 波長）離して設置し、電波感度の強いほうの信号を使用することで、電波受信を安定化させることができます。

PHS から基地局への通信で、基地局側で受信感度の高いアンテナで受信し、基地局から PHS への送信でも同一アンテナを使用することで PHS での受信感度が高く安定するとこになります。これを**送信ダイバーシティ**と呼びます。受信から送信への切り替わりに時間差がありますが、PHS は歩行程度の移動速度までが対応可能な仕様なので、問題はありません。

図 2-6-1　フェージングとアンテナの関係

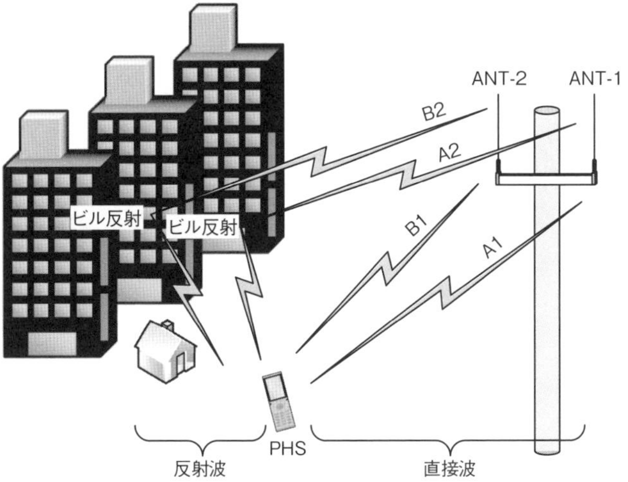

図 2-6-2　電波周波数の重ね合わせ

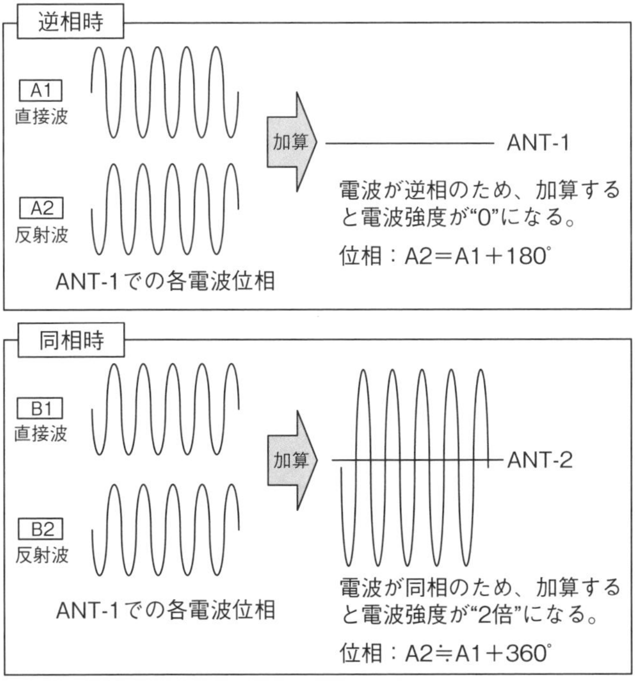

●アンテナ構造

PHSの基地局のアンテナには、エレメントが2本～8本程度のものと種類が多くあります。各種アンテナを図2-6-3に示します。

PHSは使用している周波数は1.8 GHz ～ 1.9 GHzなので、1波長は、16 cm～17 cmになります。また、アンテナは長くても半波長で構成しますので、8 cm ～ 9 cm程度になります。しかし、設置されているアンテナのエレメンは、半波長より随分長くなっています。

これは、エレメントがコリニアで構成されているためです。概念図を図2-6-4に示します。通常アンテナは、半波長の1本で構成します。しかし、これでは、アンテナの放射効率および受信感度が高くなりません。これを改善したものが、**コリニアアンテナ**になります。

コリニアアンテアンテナは、1/2波長のエレメントを、直線状に配置して構成しています。途中垂直に垂れ下がった1/4波長の線路は、**スタブ**と呼ばれ、このスタブに流れる電流によってエレメントに電流はすべて同一方向に調整されます。このコリニアアンテナは、アマチュア無線でよく使用されています。

●アダプティブアンテナ

PHSのアンテナは、複数本のエレメントを生かして電波の送信方向を制御しながら通信を行っています。これを**アダプティブアレイ**と呼びます。

アダプティブアレイは、出力の小さなアンテナを複数並べて設置し、このアンテナから送信される電波は個々のアンテナからの出力の合成波になります。したがって、複数のアンテナからの送信される電波の位相を調整することで、合成波の進行方向の制御を可能にしています。

特定の方向に電波を向けることができるので、複数の基地局間での電波干渉のトラブルを回避し、電波の到達距離を伸ばすことも、短くすることもできます。アダプティブアレイの効果を図2-6-5に示します。

図 2-6-3　アンテナの種類

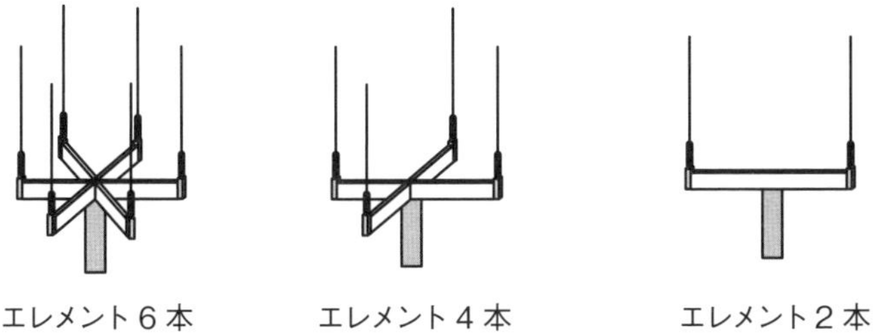

※上記以外にエレメント 8 本タイプもある。
※支柱の上にエレメントが配置されているものもあるが、支柱の上（中心部）にあるのは、エレメントではなく、避雷針になる。

図 2-6-4　コリニアアンテナの構造概念

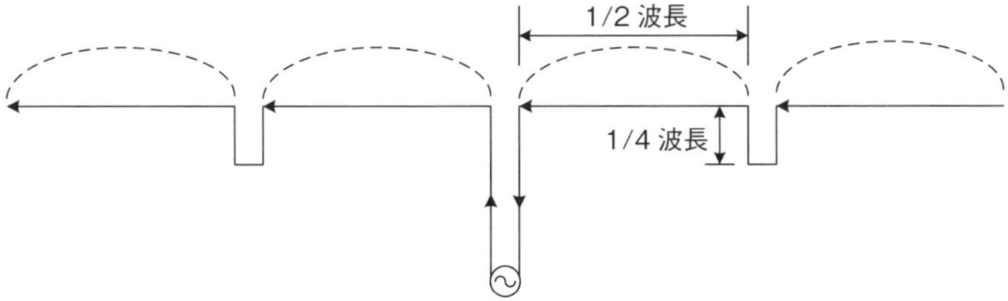

図 2-6-5　アダプティブアレイの効果

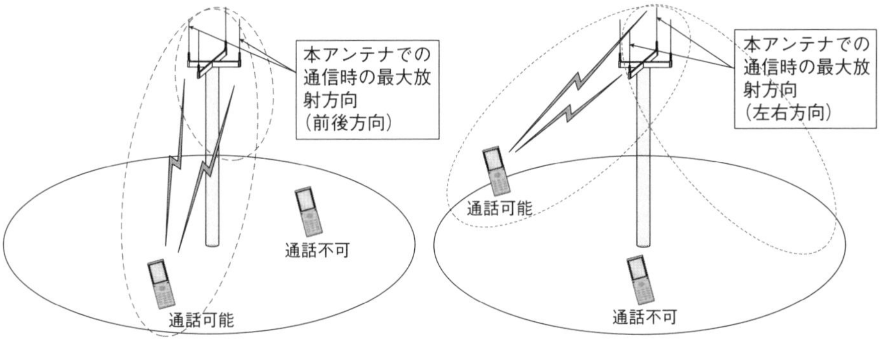

合成波により、特定方向の電波強度を高くすることが可能。

2-7 IP電話・IP系端末

IP電話は、ネットワークを使用した電話サービスを指します。従来の使用していた電話網からVoIP技術により音声をパケットに変換し、インターネットを通じて音声パケットを送信する伝送です。

● IP電話の概要

IP電話の概要を次に示します。

・**VoIP**：電話機に入力された音声のアナログ情報を、デジタル変換後にIPパケットにしてIPネットワークへ伝送する。IPネットワークより受信したIPパケットは、電話機でアナログ変換後に音声情報として受信する。

・**呼制御**：相手先装置との呼制御は、図2-7-1のようにユーザに設置されたVoIPアダプタにて音声のデジタル変換およびIPネットワークで伝送させるためIPパケット化を行う。

このIPパケットは、IP電話ネットワークに設置された呼制御用サーバにより、電話番号とIPアドレスの交換を行う。その後、IPアドレスによりルート設定処理が行われ、相手ユーザのVoIPアダプタと接続する。このIP電話の接続処理の概要を図2-7-2に示す。

● IP電話の仕組みと装置

IP電話は、相手先装置との接続/切断のための呼制御と接続された後に音声をIPパケット化して通話するための音声処理の2つの処理を行います。これらの2つの機能を相互で分担し制御する装置は、VoIPアダプタと呼制御サーバです。VoIPアダプタは音声をIPパケットへ変換し、呼制御サーバは電話番号をIPアドレスへ変換するサーバです。

図 2-7-1　IP 電話の接続の構成

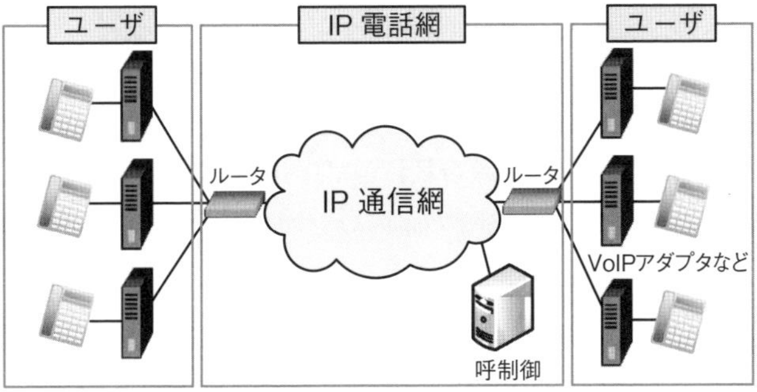

図 2-7-2　IP 電話の基本処理

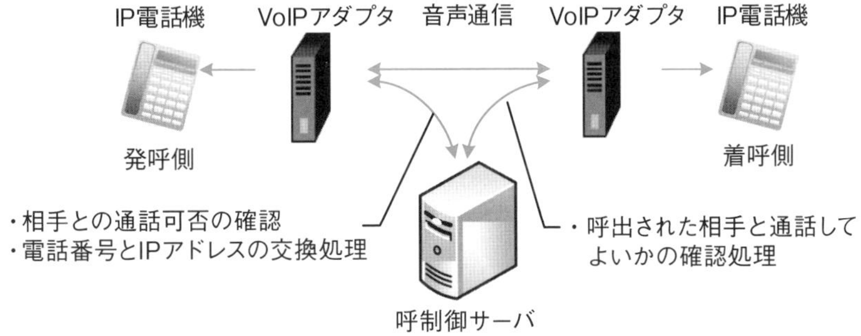

電話で伝送している周波数は、どれくらいかご存知でしょうか？

人間の耳に聞こえる周波数は、20 Hz ～ 20 kHz としています。ただし、20 kHz まで聞くには、歳が若くないと難しいようです。周波数の上限は加齢とともに低下しますので、14 kHz ～ 18 kHz の範囲になります。

一方、電話で通信する周波数帯域は、300 Hz ～ 3.4 kHz となっています。音声の伝達なので、3.4 kHz までの周波数を通せば会話には問題ありません。では、なぜ 3.4 kHz が上限となっているのでしょうか？これには、電話線にて伝送可能な周波数が起因しています。

初期の電話線はアナログ信号の伝送を行うため、長距離伝送では高周波信号の損失が大きくなっていました。これは、電線の容量成分にて高周波信号が劣化して、長距離伝送では無視できなくなることが要因です。この劣化を抑えるため、インダクタンスを一定間隔毎に挿入し、信号レベルの減衰量を抑えるケーブルが発明されました。このケーブルを装荷ケーブルと呼びます。この装荷ケーブルの伝送可能な上限周波数は、改良とともに向上し最終的に 3.4 kHz の伝送が可能になりました。この周波数が音声であるアナログ信号伝送での上限周波数となっています。

装荷ケーブル概念図

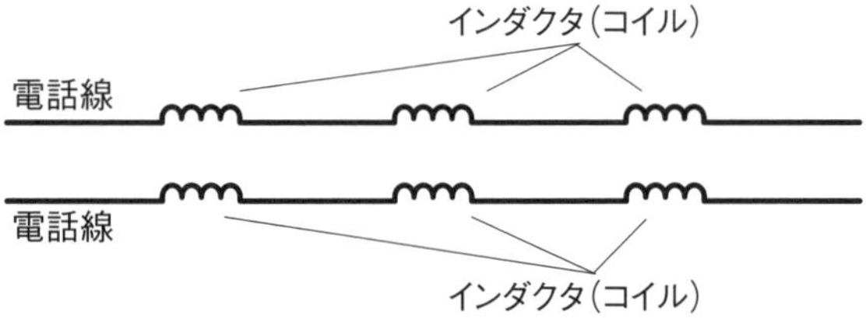

電話で声を聞くと話している人が違うように聞こえた経験もあると思います。これは、女性の声の周波数が 3.4kHz 程度ですが、この周波数を超える成分を持っている人の声は、削除されるので異なって聞こえるためです。現在、多く使用されている光回線では、2 倍の 7 kHz までの周波数伝送を可能になっているため、声が変わって聞こえることはないようです。携帯電話の場合は、CELP という符号変換にてデータを送信しています。このため、周波数とは関係なく少し聞き取り難い音声となっています。

電話の音声伝送にも、さまざまな技術が使用されており興味深いです。

第3章

LAN（ローカル・エリア・ネットワーク）

最近では、WiFi がホテルや新幹線などで整備され、データ通信がどこでもできる環境が増えてきました。その LAN によるデータ通信ですが、年々増加するデータを伝送するため回線速度を向上せて対応してきました。5G の普及に伴いさらに高速化されるこの LAN の基本技術について、技術の扉を開けてみましょう。

3-1 LANのしくみ

LAN（Local Area Network）とは、利用者がある区域内や構内において装置間を相互に接続するためのネットワークです。具体的には、同一建物内、敷地内に分散設置されたサーバ、ワークステーション、PCなど、ビル内の各種オフィスシステム機器を相互に接続するネットワークです。

● IP（Internet Protocol）

ここでは多く利用されているIPv4について説明します。

IPヘッダの構成を図3-1-1に示します。IPヘッダ長は、オプション以外の通常使用部分の長さは、20 byte（160 bit）です。IPの主要な役割は「転送先決定、期限切れパケット破棄、パケット分割、パケット破損確認」の4項になります。

転送先の決定

送信元PCのIPアドレスとサブネットマスクの値および宛先のIPアドレスを確認します（図3-1-2）。

- 送信元IP　　　　：3.3.3.2
- サブネットマスク　：255.255.255.0
- 送信先IP　　　　：5.5.5.2

この場合、送信元IPとサブネットマスクの論理積の演算結果が、3.3.3.0となります。したがって、3.3.3.0～3.3.3.255の範囲が送信元PCの接続されているLANエリアとなります。そこで送信先のIPは5.5.5.2ですので、送信元IPのエリア外となります。

この場合IPは、近くのルータにパケットを転送し、その先のルータのIPに任せます。ルータのIPアドレスは、自身のIPアドレスやサブネットマスクと同様に、PCにデフォルトゲートウェイとして設定しているので、宛先

IP をどのルータに伝送すればいいか判断できます。実際は、各ルータには最初に計算した演算結果を**ルーティングテーブル**に記録し、そのテーブルを参照して伝送先を決定しています。

図 3-1-1　ヘッダ構成

図 3-1-2　IP の転送先確認

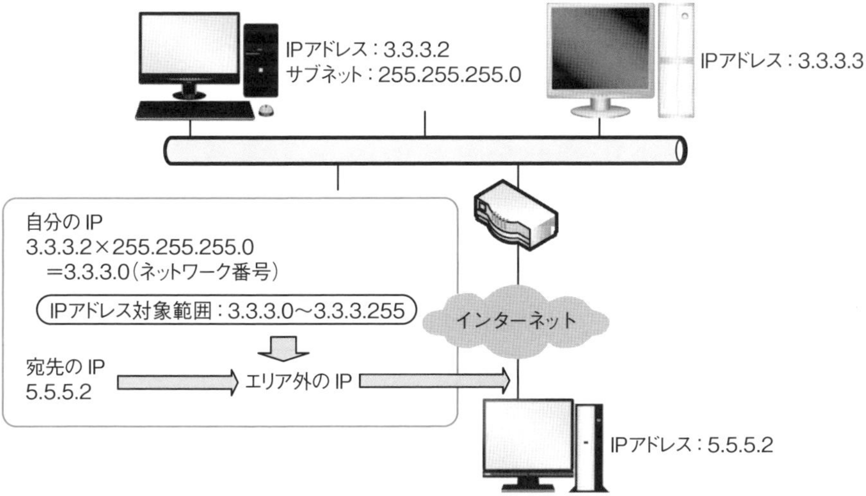

期限切れパケット破棄

IPヘッダに**生存時間**（**TTL**：Time to Live）の設定があります。これは、パケットに有効期限を設定しておき、設定の間違ったパケットがネットに残ってしまうことでネットがパンクしないように、ある条件で破棄する仕組みです。

実際はルータを通過する毎に"1"だけ減らしていき、最終的に値が"0"となった時点でパケットをルータが削除します。ルータは、パケットを削除したことを送信元にエラーメッセージとして通知します（図3-1-3）。

パケット分割

IPパケットは、データ伝送の効率化を行うため伝送可能な大きいパケット（MTU：maximum transfer unit）にします。送信元のPCのIPは、自分と接続されている回線が許容できる大きなパケットにして送信します。しかし伝送路では、さまざまな回線を通ってデータを伝送しますので、途中で大きなデータを伝送できない回線になることもあります。

その場合、その回線が扱える大きさまで分割することが必要になります。分割処理は、途中のルータで行える機器もありますが、負荷が高くなるので通常は分割したデータを再送信することで対応しています。図3-1-4に一例を示します。

データ破損確認

IPヘッダのチェックサムに算出した結果を、マイナスにしてチェックサム値として記入します。データ転送後、受信側では、データからチェックサムに値を算出します。その結果にIPヘッダに記載されている値を加算して0になることを確認します。0以外の値の場合は、データを破棄します。なお、このとき、エラー通知はされません。

図 3-1-3　期限切れパケット破棄の内容

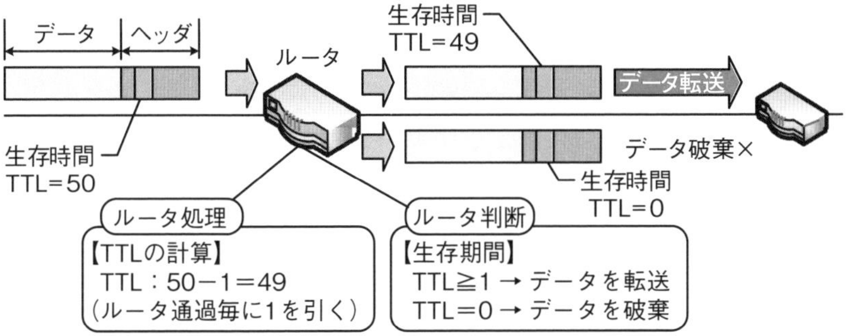

図 3-1-4　パケット分割内容

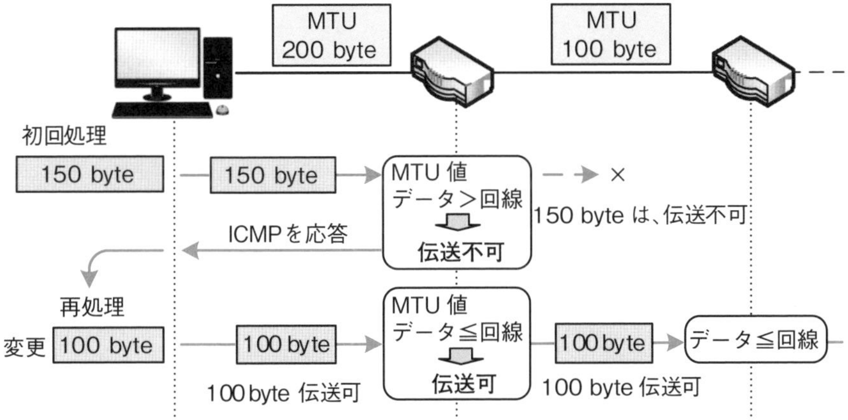

3-2 WAN

WAN（Wide Area Network）とは、離れた拠点のネットワーク（LAN）同士を結ぶため、電気通信事業者が提供するWANサービスを利用し構築するネットワークをいいます。

ある企業で拠点Aと拠点Bが存在した場合、拠点A内でLANを構築してデータ通信を行っていますが、距離が離れた拠点BのLANには接続できません。拠点毎に構築したLANを接続するには、電気通信事業者がサービス提供しているWANを使用します。こうすることで、拠点Aのコンピュータから拠点Bのコンピュータのデータ確認、提供が可能になります。

WANサービスには、専用網方式と回線網方式があります（図3-2-1）。

●専用網方式

回線が専用網のため、高速デジタル信号通信が可能です（図3-2-2）。この通信には2つの特長があります。

①通信相手が必ず1対1の関係で固定されるので、同時に複数相手との通信や、相手の切り替えができない。通信相手の数だけ回線が必要になる。
②契約回線の伝送速度が保証される。また、複数接続している回線の内、特定の回線が混雑していても、他の回線は影響を受けない。

●回線網方式

回線網方式は、ネットワークの装置をユーザ全員で共有します。網は交換機といわれる回線の切り替え装置で相互接続しているので、一方の端から他方まで繋がります（図3-2-3）。交換機が経路を選択するので、交換網型のサービスでは通信相手を簡単に変えることができます。また、1本の回線で複数人と同時に通信することができます。

図 3-2-1　WAN 接続

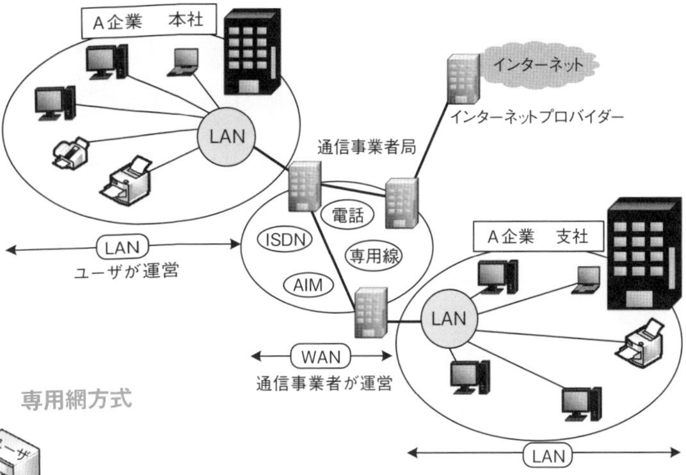

図 3-2-2　専用網方式

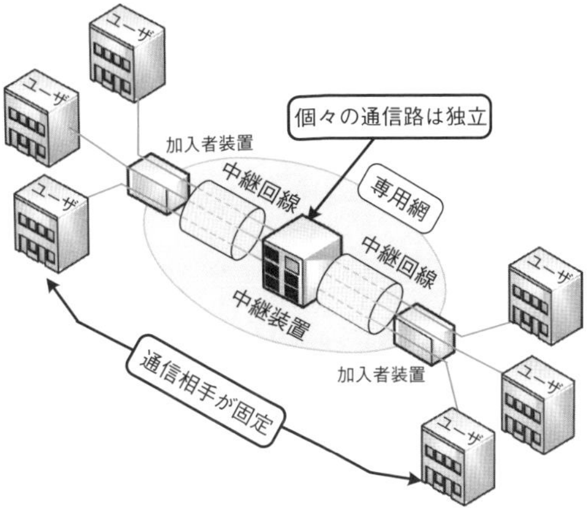

図 3-2-3　交換網方式

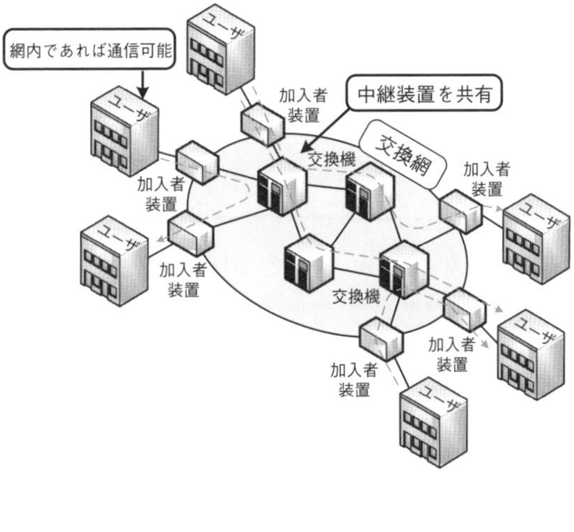

3-3 無線LAN

無線LANは、データの伝送路にケーブルではなく無線通信を使用したLANのネットワークです。一般的な無線LANには、無線通信の方式別にアクセスポイントを経由するインフラストラクチャモードと、端末間で直接通信するアドホックモードの2種があります。

●通信モード

通信モードの方式を次に示します。

・**アドホックモード**：アクセスポイントを使用せずに無線LAN端末同士が直接通信を行う方式。他のネットワーク接続やインターネット接続は、容易には行えない。このため、限定的な端末範囲内での通信に向いている（図3-3-1）。
・**インフラストラクチャモード**：アクセスポイント（AP）を使用する方式。アクセスポイントは、有線のLANに接続することもできるため、他のネットワーク接続やインターネット接続をすることも可能になる（図3-3-2）。

●無線LANアクセス制御

無線LANでは、複数の端末とアクセスポイントが同一周波数の電波による無線通信を行っているため、同時にデータ伝送すると電波干渉により受信不可の状態になります（**送信データの衝突**）。

端末同士の送信データ衝突を回避するため、**CSMA/CA**（Carrier Sense Multiple Access/Collision Avoidance：衝突回避機能付き搬送波完治多重アクセス）のアクセス方式を使用します。

CSMA/CAは、まず電波未使用の確認をします。電波使用時は、送信元Aは必ずランダムな時間を待ってからデータ送信を行います（図3-3-3）。

データを送信後、無事にデータを受信したことを通知するため送信元A、BにACKを送信します。送信元AはACKの受信を確認後、次の送信動作に入ります。送信するデータがなければ、送信元Bがランダムの時間待ってから送信開始します。

図 3-3-1　無線 LAN　アドホックモード

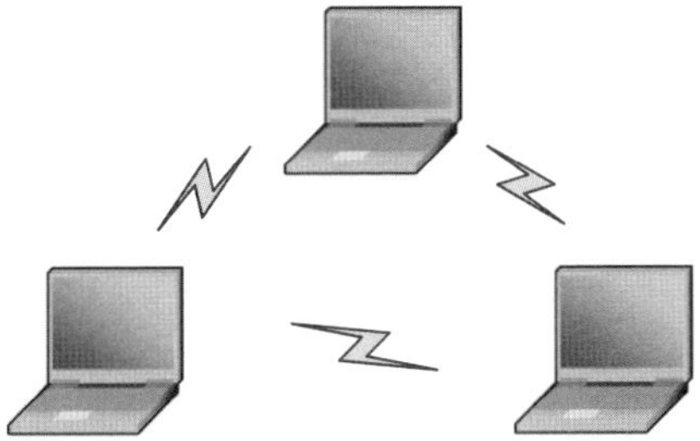

図 3-3-2　無線 LAN インフラストラクチャモード

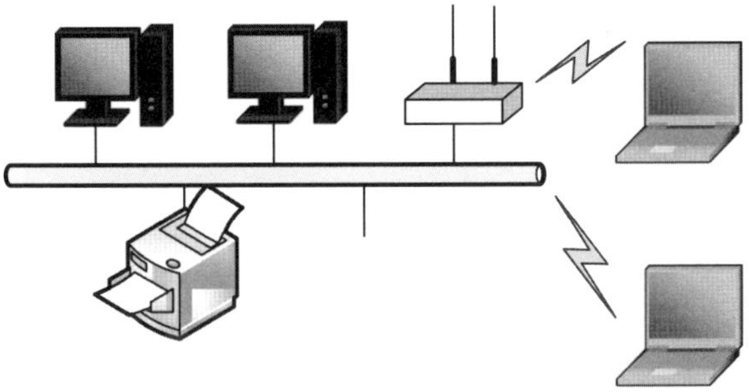

図 3-3-3　無線 LAN　CSMA/CA の説明

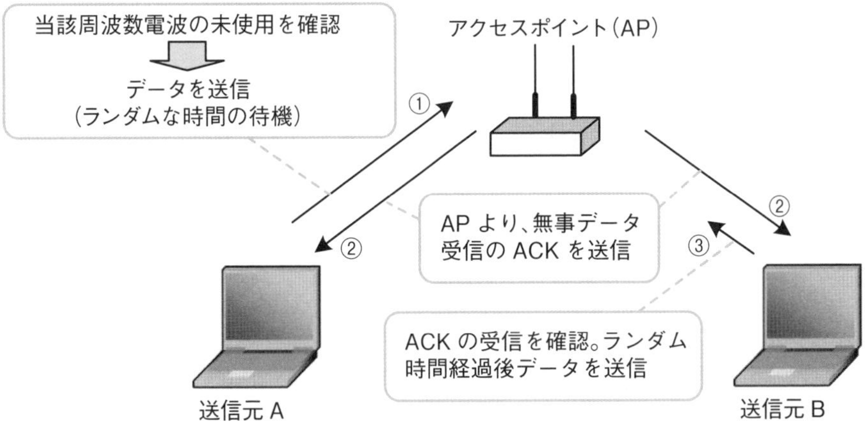

●無線 LAN アクセス通信障害

無線LANでは、無線LAN端末が離れたり、端末間に遮蔽物がある場合などで不具合が発生する場合があります。これを**隠れ端末問題**と呼びます。

これは、端末が送信する電波を他方の端末が検出できない（キャリアセンス）ため、使用していないと判断して、データを送信するものです。データ送信が同一に行われると、アクセスポイントではデータの衝突が発生し、受信できません。このため、アクセスポイントは、ACK応答もできません。

無線端末（送信元A、B）は、再度ランダム時間の待機後にデータ送信を行います。これが繰り返し行われると、ネットワーク全体のスループットが低下することになります（図3-3-4）。本問題に対して、送信権を与えるRTS/CTS（Request to Send/Clear to Send）の制御で対応を行います。

お互いに見えない（電波使用状態を確認できない）無線LAN端末同士が同時にアクセスポイントにデータを送信するのを回避する手段として、RTS/CTSというアクセス制御方式を採用します。

RTSを受信したアクセスポイントは、CTSを返信して送信権を送信します。このCTSは、許可された端末以外も受信されます。CTSのデータには、データ送信からACK応答までの所要時間が記録されています。本データにより、他の端末は電波干渉を回避するために所要時間を待ってから送信するように動作します（図3-3-5）。

●無線 LAN 規格

無線LANが使用できる電波の周波数は2.4 GHz帯と5 GHz帯と決まっています。この周波数は**ISMバンド**と呼び、工業、科学、医療関係で共通して使用が認められている共用の周波数です。したがって、電波を使用する際は、電波干渉の影響を受けることを認識しておく必要があります。

無線LANの主な規格には、IEEE 802.11a, b, g, nなどがあります。これらの種類を表3-3-1に示します。

図 3-3-4　隠れ端末問題の内容

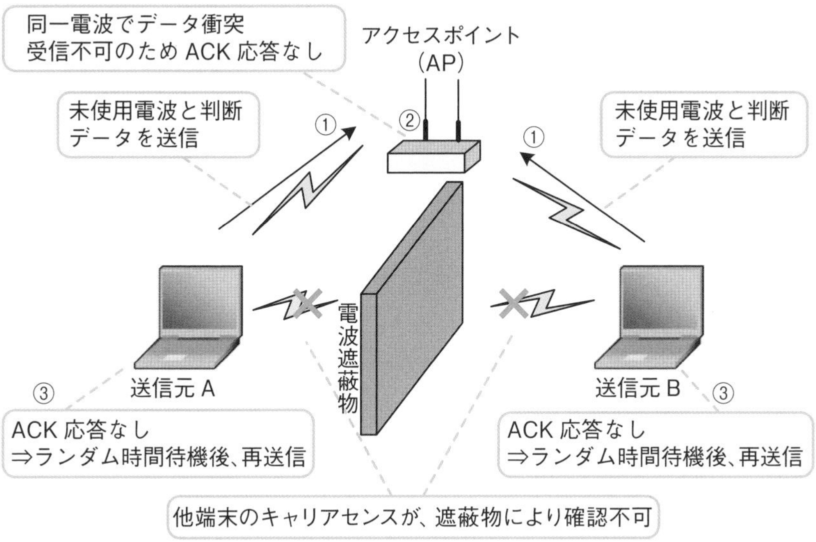

図 3-3-5　RTS、CTS による対策

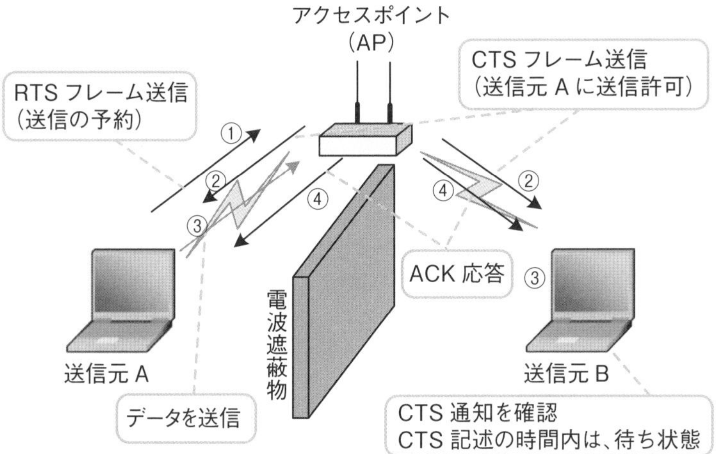

表 3-3-1　無線 LAN 規格

規格名	使用周波数帯域	最大転送速度	アクセス制御方式
IEEE 802.11a	5 GHz	54 Mbit/s	CSMA/CA 方式
IEEE 802.11b	2.4 GHz	11 Mbit/s	
IEEE 802.11g	2.4 GHz	54 Mbit/s	
IEEE 802.11n	2.4 GHz、5 GHz	600 Mbit/s	

3-4 LAN 配線

● LAN 配線の規格

LAN 配線には、ANSI/TIA/EIA-568 シリーズの米国規格、ISO/IEC 1180 の国際規格（構内情報配線システム規格）および、JIS X 5150 の日本工業規格の各規格があります。各規格により、システム設計の統一化、安全性および品質確保などの保持が達成できています。

● JIS X 5150:2016 での LAN 設計（構内情報配線システムの規格）

ケーブルの設計条件は JIS X 5150:2106 で規定し、伝送品質を確保します。構内情報配線システムの設計は、JIS X 5150:2016 で規定し、同様に品質を確保しています（本規定は、ISO/IEC 11801 第 2.2 版の翻訳版）。ここでは、上記の規格に沿って LAN 設計を見てみます。構内情報配線システムを規格化するため、システムの機能要素を以下に規定しています（図 3-4-1）。

- **構内配線盤**（CD：Campus Distributer）、構内幹線ケーブル
- **ビル内配線盤**（BD：Building Distributor）、ビル内幹線ケーブル
- **フロア配線盤**（FD：Floor Distributor）、水平ケーブル
- **分岐点**（CP：Consolidation Point）
- **複数利用者通信アウトレット**（MUTO：Multi-User Telecommunication Outlet）
- **通信アウトレット**（TO：Telecommunication Outlet）

この機能要素は相互に接続され、構内情報配線システムは**構内幹線**、**ビル内幹線**、**水平配線**の各配線の 3 つのサブシステムより構成されています。

また、構内情報配線システムとワークエリア配線は、区別して設計しています（ワークエリアとは、利用者が PC などの端末機器を扱うエリア）。

水平配線

図 3-4-2 ～図 3-4-5 に水平配線モデルを示します。**クロスコネクト**とは、ケーブル終端とこれらのクロスコネクタを主にパッチコードまたはジャンパに

図 3-4-1　情報システムの機能要素サブシステム

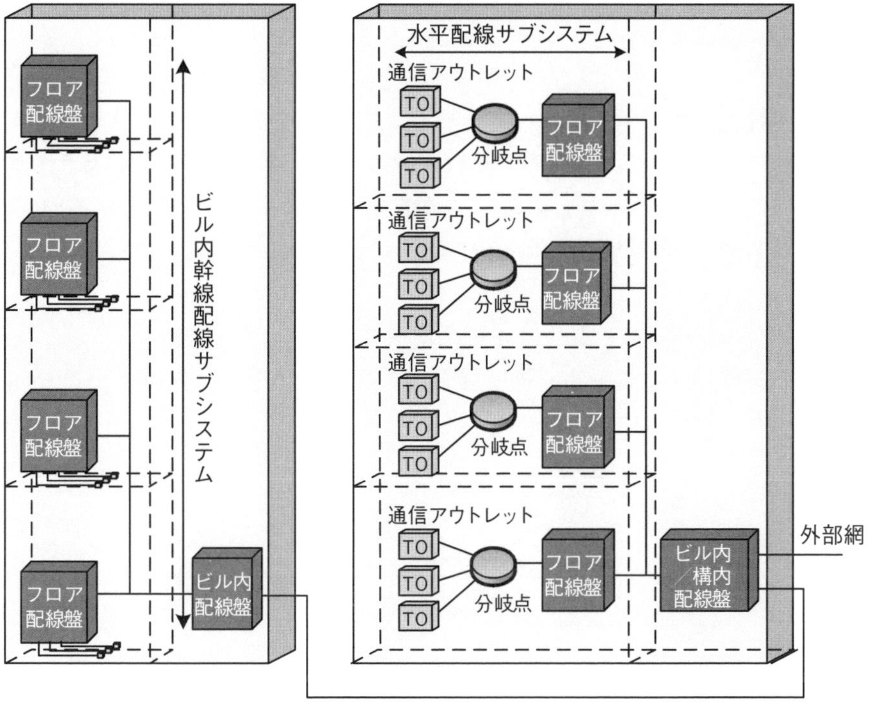

表 3-4-1　水平リンク長公式

モデル	図	カテゴリ 5 要素を使用したクラス D のチャンネル	カテゴリ 6 要素を使用したクラス E のチャンネル	カテゴリ 7 要素を使用したクラス F のチャンネル
インタコネクト–TO	①	H=109－FX	H=107－3－FX	H=107－2－FX
インタコネクト–TO	②	H=107－FX	H=106－3－FX	H=106－3－FX
インタコネクト–CP・TO	③	H=107－FX－CY	H=106－3－FX－CY	
インタコネクト–CP・TO	④	H=105－FX－CY	H=105－3－FX－CY	

H　水平ケーブルの最大長（m）
F　パッチコード／ジャンパ、機器コードおよびワークエリアコードの長さの総和（m）
C　CP ケーブルの長さ
X　水平ケーブルの挿入損失（dB）に対するコードケーブルの挿入損失（dB/m）との比
Y　水平ケーブルの挿入損失（dB）に対する CP ケーブルの挿入損失（dB/m）との比

よって接続する装置です。**インタコネクト**とは、機器コード（または配線サブシステム）を終端し配線サブシステムにパッチコードまたはジャンパを使用することなく接続する技法です。図 3-4-2 は 1 つのインタコネクトと 1 つの TO を含むチャネルを示します。異なった挿入損失を持つ各ケーブルに対応するために、チャネル内で使用されるケーブルの長さは、表 3-4-1 に示す公式によって決定する必要があります。

ビル内幹線配線

図 3-4-6 にビル内または構内の幹線配線のモデルを示します。幹線チャネルは、クロスコネクト WP 両端に含みます。幹線リンク長のクラス D、E および F には、次の制限事項があります。

・チャネルの物理長は、100 m を超えてはならない。
・チャネル内で 4 つ接続点がある場合、幹線ケーブル長は少なくとも 15 m にすることが望ましい。

図 3-4-2　インタコネクト TO モデル

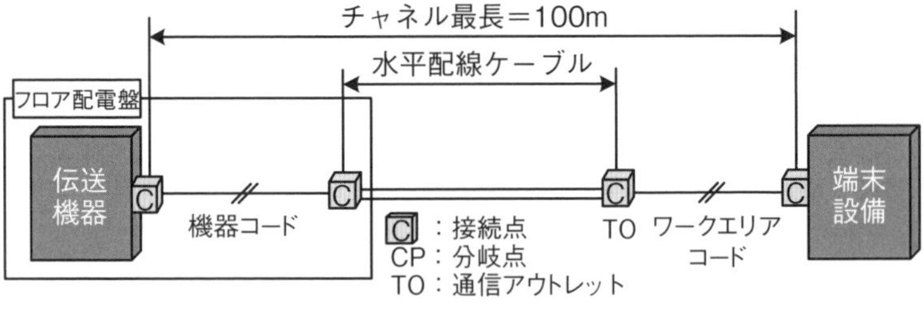

図 3-4-3　クロスコネクト TO モデル

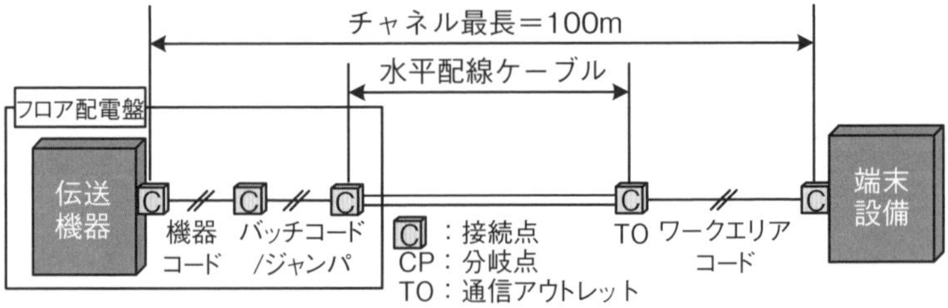

図 3-4-4　インタコネクトコネクト CP-TO モデル

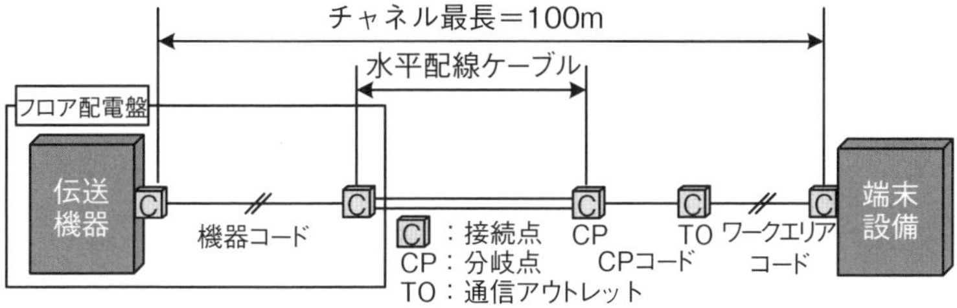

図 3-4-5　クロスコネクト CP-TO モデル

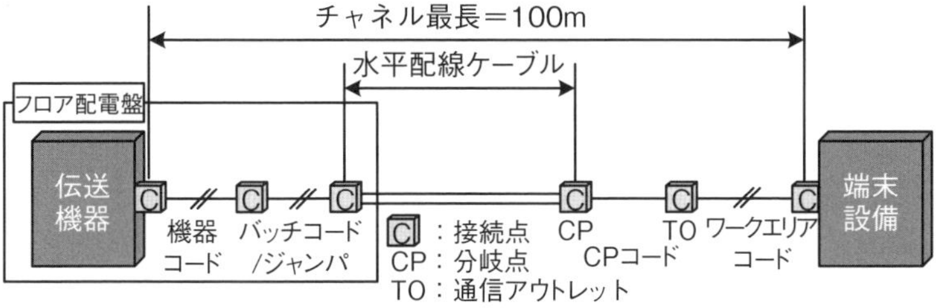

図 3-4-6　幹線配線のモデル

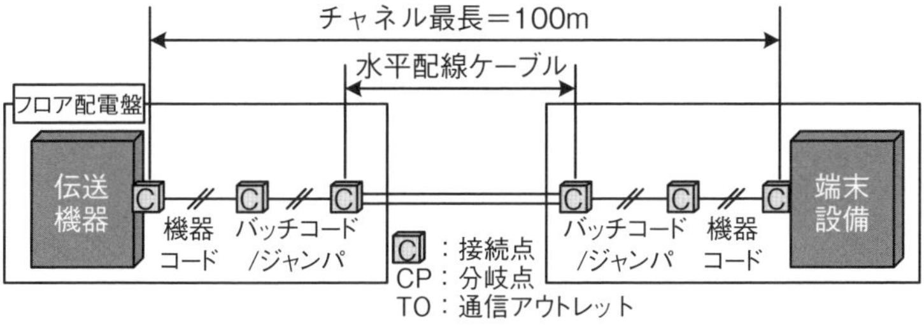

3-5 LANケーブル

IEEE 802.3で規定しているイーサネットは、LANのプロトコルとして広く使用されています。この規定では、インタフェースと伝送方式について、標準化をしています。ここでは、LAN用ケーブルについて説明します。

●イーサネット型LAN

イーサネットは、1978年にDEC、Intel、Xeroxの3社が共同開発したDIX仕様（各社の頭文字）の10 Mbpsを指し、これをIEEE 802委員会でEthernet 1.0規格として公開されたものです。現在では、Ethernet 2.0規格を基にIEEE 802.3 CSMA/CDとして策定された仕様となっています。

802.3シリーズのケーブルは、伝送路にてハブなどを使用している場合は接続状態が放射線状となるため、接続形態はスター型として区分されます。

●ファーストイーサネット型LAN、ギガビットイーサネット型LAN

ファーストイーサネットとは、データ伝送速度を10 Mbpsから100 Mbpsへ高速化したケーブルです。一方、**ギガビットイーサネット**は、100 Mbpsを1000 Mbpsまで高速化して標準化されています。

ファーストイーサネット型LANの種類と概要を表3-5-1に示し、ギガビットイーサネット型LANの種類と概要を表3-5-2に示します。ギガビットイーサネットのツイストペアケーブルの1対での伝送速度は、250 Mbpsとなります。このツイストペアが4対あるUTP（Unshielded Twist Pare）ケーブルは、250 Mbps×4で合計が1 Gbpsの伝送速度を可能にします。STP（Shielded Twisted Pair）は、2芯平衡型の同軸ケーブルであり、伝送距離が25 mと短いため、室内などのギガビット機器接続用途になります。

表 3-5-1　ファーストイーサネット型 LAN の種類と概要

<table>
<tr><th>LAN</th><th>ケーブル</th><th>帯域幅</th><th>最大
セグメント</th><th>IEEE 802.3
規格</th></tr>
<tr><td>100BASE-T2
（T2：ツイストペア２対）</td><td>撚り対線
（ツイストペア）
UTP（カテゴリ 3）</td><td rowspan="2">100Mbps</td><td rowspan="3">100m</td><td>IEEE802.3y</td></tr>
<tr><td>100BASE-T4
（T4：ツイストペア４対）</td><td>撚り対線
（ツイストペア）
UTP
（カテゴリ 3, 4, 5）</td><td rowspan="3">IEEE802.3U</td></tr>
<tr><td>100BASE-TX
（TX：ツイストペア２対）</td><td>撚り対線
（ツイストペア）
UTP（カテゴリ 5）
STP</td><td rowspan="2">100Mbps
（全二重
200Mbps）</td></tr>
<tr><td>100BASE-FX
（TX：Fiber）</td><td>光ファイバ（MMF）
波長：1,300nm</td><td>2,000m</td></tr>
</table>

表 3-5-2　ギガビットイーサネット型 LAN の種類と概要

<table>
<tr><th>LAN</th><th>ケーブル</th><th>帯域幅</th><th>最大
セグメント</th><th>IEEE 802.3
規格</th></tr>
<tr><td>1000BASE-T
（T：ツイストペア）</td><td>撚り対線
（ツイストペア）
UTP（カテゴリ 5）</td><td rowspan="4">1000Mbps
（全二重
2,000Mbps）</td><td>100m</td><td>IEEE802.3ab</td></tr>
<tr><td>1000BASE-CX
（CX：Coax）</td><td>150 Ω平衡型
STP</td><td>25m</td><td rowspan="3">IEEE802.3z</td></tr>
<tr><td>1000BASE-LX
（LX：Long Wavelength）</td><td>光ファイバ
（MMF/SMF）
波長：1,300nm</td><td>5,000m
（SMF）
550m
（MMF）</td></tr>
<tr><td>1000BASE-SX
（SX：Short Wavelength）</td><td>光ファイバ（MMF）
波長：850nm</td><td>550m *</td></tr>
</table>

*光ファイバの種類によって、距離が変化する。

3-6 ルータ機器

ルータは、IPアドレスから転送すべき経路を決める経路選択機能を有すネットワーク機器です。また、未対応のプロトコルデータは、破棄する機能も有しています。ここでは、ルータの主要な制御について説明します。

●ルーティング制御

ルータは、受信したIPパケットからIPヘッダに記述している宛先アドレスを確認します。確認後、ルータ自身が持っている**経路表**や**ルーティングテーブル**と照合し、宛先のインタフェースにパケット転送します。IPパケットを正しいインタフェースに転送するため、常に最新のルーティングテーブルをルータ間の通信によってテーブル情報（経路情報）を更新します。

ルーティングテーブル

ルータのメモリに記録している情報で、宛先サブネットとルータの出力ポートを対応した一覧表です。ルーティングテーブルには、図3-6-1の中の表のように、宛先サブネットに対する出力ポート番号が記載されています。ルータは、このルーティングテーブルを参照して、適切なポートへ受信パケットを転送します。このルーティングテーブルは、概要説明のため簡易的に表現しています。実際は、IPアドレスで記載されています。

デフォルトルート選択

ルーティングテーブルに未登録の宛先IPアドレスのパケットを受信した場合、ルータはそのパケットを破棄して送信元にその情報を通知します。

しかし、ルータはすべての宛先の登録はしていません。この場合の対応としてルーティングテーブルにデフォルトルートを記述しておきます。ルータは、ルーティングテーブルにデフォルトルート「0.0.0.0」を記述すると、ルータの宛先不明のパケットはすべてデフォルトルートに設定したポートに転送します。そして、接続されている他のルータに処理を任せることにします

（図 3-6-2）。

図 3-6-1　ルーティグテーブル概要

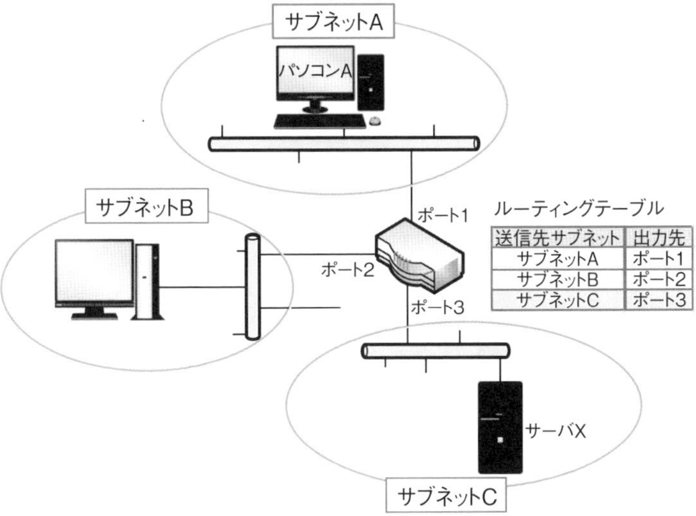

図 3-6-2　デフォルトルート

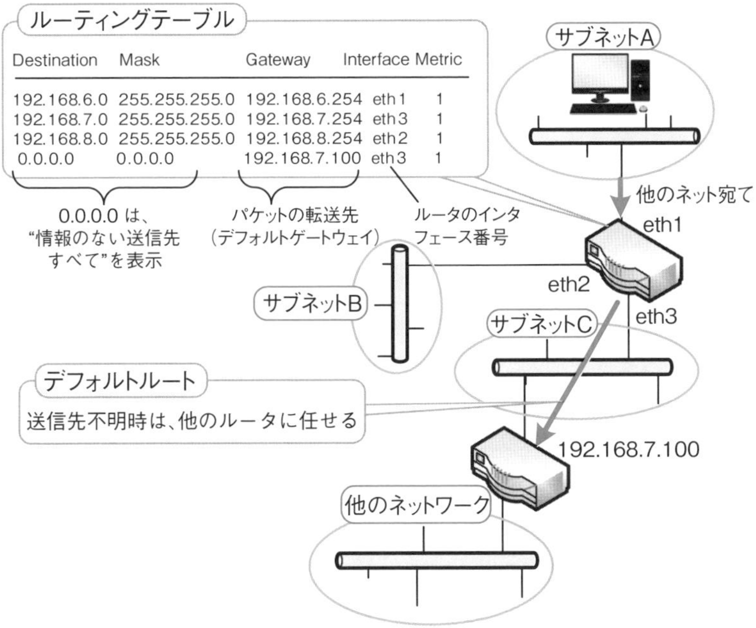

メトリック制御

ルータがパケットを宛先に転送する際に複数経路がある場合、どのような基準で判断して選択しているかを見てみます。図3-6-3のようなネットワークにおいて、ルータAからサーバXへの経路について考えてみます。ルータAから見ると、サブネットX宛ての経路は2つ見えてきます。

・ルータA ⇒ ルータB ⇒ サーバX
・ルータA ⇒ ルータC ⇒ ルータB ⇒ サーバX

この状態でルータAのルーティングテーブルの記録状態を確認します。

図中の表の上から4行目と5行目がサーバXへのルーティングとなります。いずれもDestinationとMaskの値が同一です。着目する部分は、Metric（メトリック）の値です。

メトリックは、宛先サブネットまでの近さを表す情報です。ルータは複数の経路がテーブルにある場合、メトリック値の小さいほうを選択します。図で示している例では、メトリックの値が2の経路、3の経路があります。

この場合ルータAは、メトリックが小さい2の経路を選択します。Gatewayは192.168.2.100なので、サブネットXへのパケットはルータBへ転送されます。このように、ルーティングテーブルには、「選択すべき経路」の情報が記載されています。その情報がメトリックになります。

●ルーティングプロトコル

ルータは、ルーティングテーブルの情報を基にパケットの転送を行います。そのルーティングテーブルへの情報記録方法には、スタテックルーティングとダイナミックルーティングの2つがあります。

スタティックルーティングは、管理者が手動でルーティングテーブルに記述する手法です。本手法では、規模が大きくなると記述が大変になり、途中でネットワーク接続機器が追加されると、その度に設定が必要なります。

一方、ルータ自身が自動でルーティングテーブルを作成する方法を**ダイナミックルーティング**と呼びます。このダイナミックルーティングを行うプロトコルには、RIP、OSPFおよびBGP-4などがあります。

図 3-6-3　メトリックによる経路選択

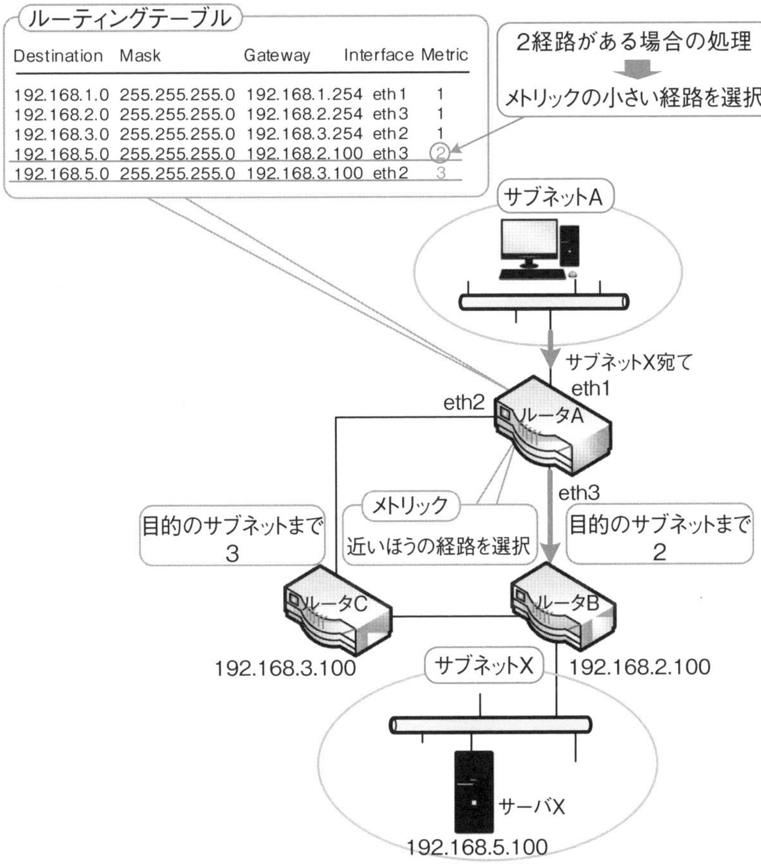

3-7 無停電電源装置（UPS）

無停電電源装置（UPS：Uninterruptible Power Supply）とは、電力給電の不具合などで発生する停電において、電力給電を一定時間確保し、機器の故障やデータの損失を回避することを目的とした装置です。

無停電電源装置は、停電状態での長時間にわたる電力を確保するものでなく、短時間の電力給電および予備電源（自家発電など）への切り替えを無瞬断で行うための装置です。

●装置構成

無停電電源装置は、整流回路、蓄電池、インバータ、蓄電池接続スイッチ、商用電源との切り替えを行うスイッチから構成され、交流出力は蓄電池からの直流電力をインバータ回路にて生成しています。

●回路構成

無転電電源装置は、接続する装置の使用目的によって蓄電池容量、切り替え時の瞬断時間､稼働信頼性などを考慮して構築することが必要になります。無停電電源装置は、その動作使用からフロート方式（常時インバータ給電方式）と直流スイッチ方式（常時商用給電方式）の２種の方式があります。

・**直流スイッチ方式（常時インバータ給電方式）**：正常時には、整流器で直流に変換し蓄電池に充電すると同時に、インバータにて交流を生成して供電します。本方式では、常時インバータが動作しているため回路損失が発生しますが、停電発生時の切り替えに発生する電圧変動が少ないため、電圧や波形の変動不可の機器に使用されます（図 3-7-1)。

・**フロート方式（常時商用給電方式）**：商用電源が正常なときには、商用電源を直接負荷へ供給するとともに蓄電池に充電させます。停電時は、商用電源からインバータ回路出力に高速で切り替えて交流電源を供給します。本方式では、上記の常時インバータ給電方式に比べると回路損失は低く抑えられますが、切り替え時の直流スイッチの動作時間（3ｍＳ程度）による電圧変動が発生します（図3-7-2）。

図3-7-1　直流スイッチ式（常時インバータ方式）

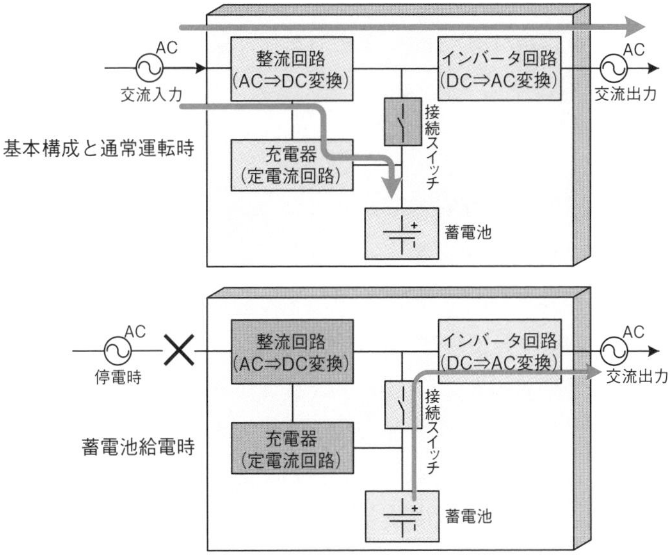

図3-7-2　フロート式（常時商用給電方式）

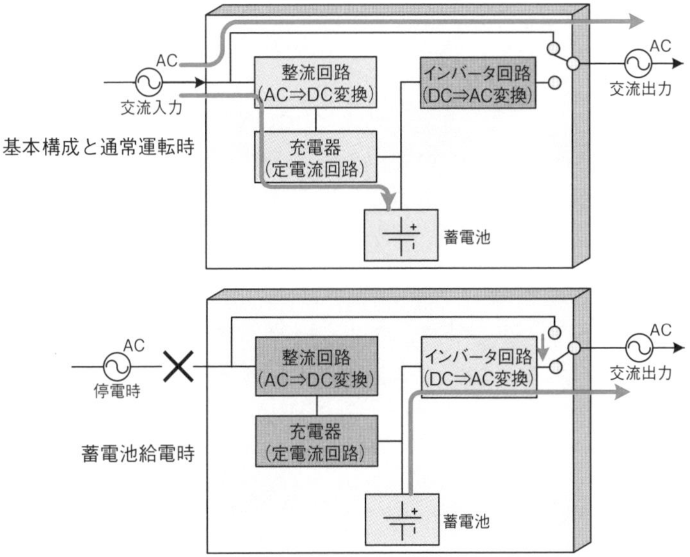

3-8 ネットワーク機器

ネットワークを構成するには、リピータ、ハブ、ブリッジ、ルータ、ゲートウェイなどの機器が必要になります。このネットワーク機器とOSIモデルの階層の関係を図3-8-1に示します。

●リピータ（リピータハブ）

リピータは、伝送により減衰した受信信号波形を増幅および整形し、再中継します。また、異種メディアセグメントの接続、同一メディアセグメントの伝送距離延長、接続台数増加、ケーブルメディアの変換などに使用します。

イーサネットで使用されるリピータ（ハブ）は、多段のカスケード接続にて伝送距離を長くすることができますが、CSMA/CD方式のコリジョン検出を実施するにはLANの両端の信号伝達時間を一定時間以下にすることが必要になります。そのため、10BASE-T、10BASE5、10BASE2では最大4台、100BASE-TXでは最大2台（クラス2）までと、リピータのカスケード接続には台数の上限が設定されています。

●ブリッジ

リピータのようにパケットを中継するだけではなく、転送するパケットのMACアドレスを確認して、相手のLANに対してパケットの転送可否を判断するフィルタリング機能を搭載しています。

このフィルタリング機能は、パケットのIPヘッダのMACアドレスを確認して、送信元と送信先のコンピュータが同一LANエリア内にある場合はパケットを破棄し、異なるLANエリアにある場合はパケットを通過させます。本処理により、不要なデータがネットワークに流れることを回避させます（図3-8-2）。

図 3-8-1　ネットワーク装置と OSI 参照モデルのレイヤ

階層	接続機器	機能・用途	接続例
レイヤ4以上	ゲートウェイ	ネットワーク接続	
レイヤ3	ルータ、L3スイッチ	IPアドレスでのLAN接続	
レイヤ2	ブリッジ、L2スイッチ	MACアドレスでのLAN接続	
レイヤ1	リピータ	LANの伝送距離延長	

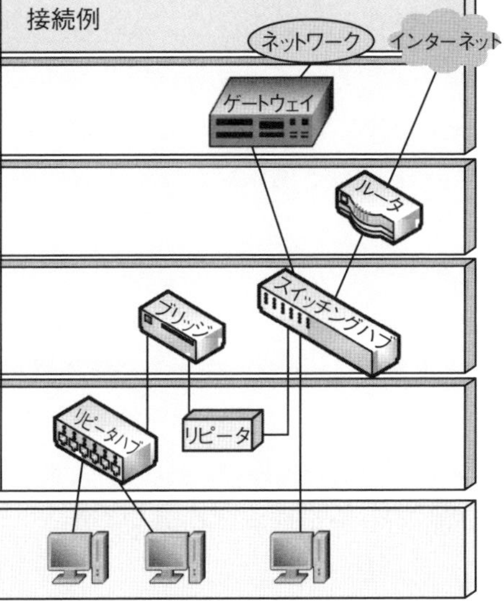

図 3-8-2　ブリッジの機能

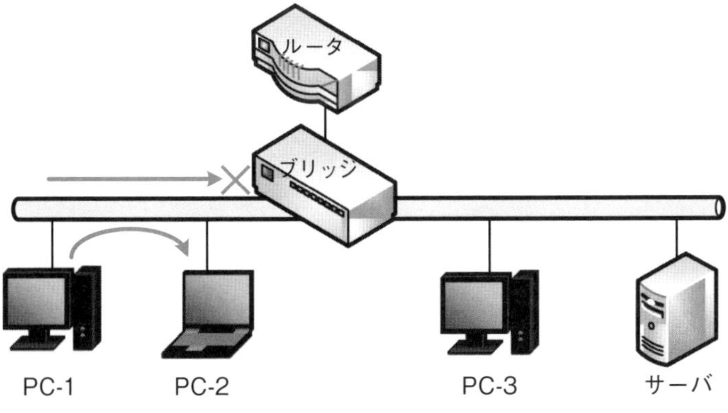

PC1⇒PC2へのパケット送信では、ブリッジがその転送を拒否。

●スイッチングハブ

IPパケットのMACアドレスを確認して、各ポートに接続された機器のMACアドレスのテーブルを参照し、内部のスイッチング処理にて接続に必要なポートのみにデータを送信します。このように必要なポート間のみにデータ通信することで、並行して複数のパスで同時通信を行うことが可能になり、データを効率的に伝送することが可能となります（図3-8-3）。

●ルータ

IPアドレスを用いてLAN間を接続する機器で、どの経路を通して転送するかを選択する**ルーティング**（経路選択制御）**機能**を備えています。また、IPアドレスより、不正ヘッダや通過禁止のパケットを選別して処理を行うことでデータの流れを制御しています。

ルータの基本機能を次に示します。

・**ルーティング制御**：ルータは、受信したパケットのIPヘッダ部の宛先IPアドレスを読み取って、**経路表**や**ルーティングテーブル**とリストと照合する。照合の結果、宛先が合致したインタフェースにパケットを転送する。宛先IPパケットにより正しく中継するため、経路情報やルーティングテーブルを最新にする必要がある。このため、接続している他のルータと常に情報の交換を行っている（図3-8-4）。

・**品質制御**：受信したパケットのIPアドレスに応じて、転送の優先制御やパケットの破棄を行うことができる品質制御機能を具備している。この機能により、フィルタとQoSを実現している。ルータは、IPヘッダ、TCP/UDPヘッダ、データ内のURLなどを分析して条件に合致したパケットを破棄する。また、優先制御や帯域制御などのQoS制御を行うことで、ネットワークのパフォーマンスを維持している。

●L3スイッチ

L3スイッチは、スイッチングハブにIPアドレスよるルーティング機能をを追加した中継機器を指します。ルータでは、ソフトウェアで転送処理を行っていましたが、L3スイッチは、ASICの専用ハードウェアを用いる点が異なります。このためL3スイッチは、ルータと比較して非常に高速な処理が可能となっています。よって、パケットの小さいデータを大量に処理する通信には、L3スイッチが向いているといえます。

図3-8-3　スイッチングハブの機能

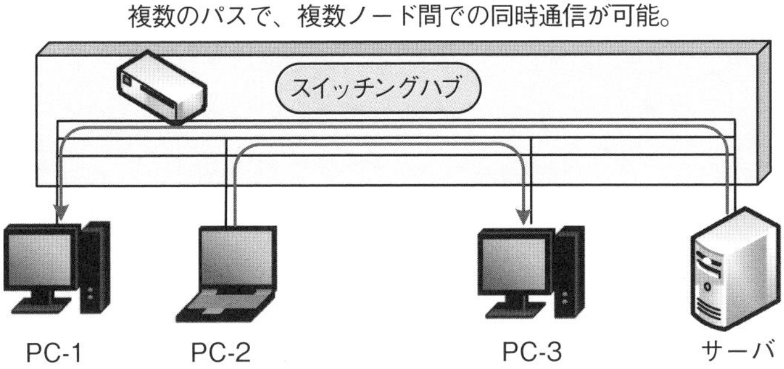

図3-8-4　ルータの機能

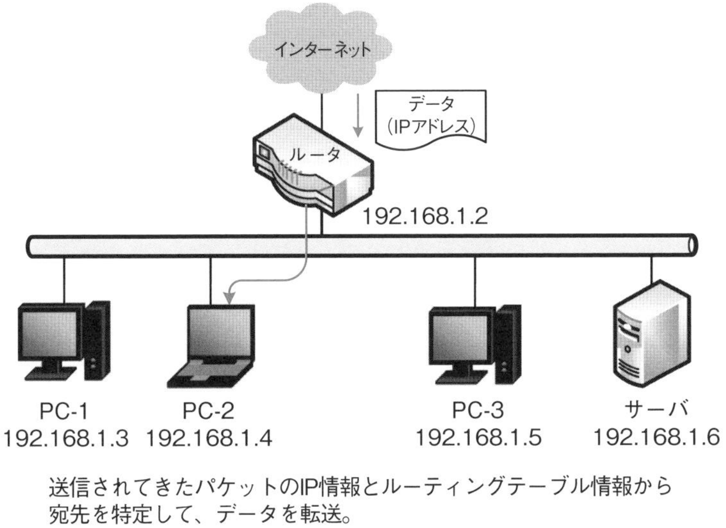

携帯電話による電磁エネルギー

以前の携帯電話にはアンテナがついていましたが、最近の携帯電話では、まったく見なくなりました。アンテナがあったほうが電波の飛びや受信感度が向上するように思えますが皆さんはどのように考えますか？

今のアンテナは、プリント基板上に配置されています。また、プリント基板で液晶面の反対側に配置されています。これは、送信時に発信する電波が人体頭部を直撃しないようプリント板を挟んで反対側に配置して、電波を効率よく送信しながら、人体への影響を低減させています。

この電波にさらされることで吸収するエネルギーを数値化したものを**比吸収率**（**SAR**：Specific Absorption Rate）と呼びます。

SARの基準値

スマートフォン・携帯電話端末を頭部に近接して使用する場合※1および頭部以外の人体に近接して使用する場合※2、無線設備規則によって、電波防護指針に基づく局所SARの基準値（2 W/kg、四肢では4 W/kg）を満たすことが義務づけられています。

PHSは、端末設計上で「基準値：2 W/kg」を超えることはないので規定されていません。私が最初に使用していた携帯電話の買い替えを考えていたころ、買い替えする機種より最初使用していた機種のSARの値が桁違いに大きかったことを覚えています。もちろん、すぐに買い替えました。

携帯電話で電話するとき、皆さんは携帯電話を耳に付けていますか？

現在では、出力がかなり下がったのであまり問題ではないかもしれませんが、日本人が携帯電話を使用するとその電波によって頭部にホットスポットができるという話がありました。これは、送信した電波が頭の内部で反射して1点に集まるという事象です。1点に集まった電磁エネルギーで脳内にダメージがでる可能性があるというものです。ただ、これは長時間（30分以上）使用していなければ問題ないようです。当時の話では、7 cm話して会話すると問題ないとのことでしたが、それでは会話できませんね。

※1　平成14年6月以降義務付け
※2　平成26年4月以降義務付け

第4章

光ファイバケーブル

光ファイバによる光通信で電話、データ通信およびテレビ映像受信をする一般家庭が多くなってきました。光ファイバは、これまでの銅線と比較して伝送ロスが少ないため、高周波信号伝送に適しています。この光通信に使用される光ファイバは、どのような技術で構成されているのか、技術の扉を開けてみましょう。

4-1 光ファイバケーブルのしくみ

光ファイバケーブルは、回路内の電気信号を光信号に変換して、光として伝送を行うケーブルです。光ファイバケーブルを使用しても長距離の伝送では、光信号のレベル減衰や波形歪などにより光信号が認識できなくなります。このため、伝送路の途中に光信号を増幅と波形整形するための装置（中継器）を使用します（図 4-1-1）。

●特性

光ファイバケーブルの特性を以下に示します。

・**低損失**：光ファイバの伝送損失は、1 km で 0.2 dB ～ 0.4 dB と低損失。
・**広帯域**：10G bps 情報量を 160 km 伝送可能。
・**細径**：50 μm が一般的（約髪の毛 1 本分）。
・**軽量**：石英の比重は、銅の約 1/4 なので軽量（銅：8.9、石英：2.5）。
・**無誘導**：石英ガラスは電気を通さないので、電気信号による容量 / 誘導性の特性影響がない（落雷影響なし）。
・**資源**：銅と比較して資源問題が少ない。

●基本構造

光ファイバケーブルは、中心に配置されたコアとその周りを囲んでいる**クラッド**と呼ばれる屈折率の異なる 2 つの光ファイバの層で構成されています。また、光ファイバは非常に細くもろいため、プラスチック被覆により光ファイバを保護しています（図 4-1-2）。

図 4-1-1　光ファイバ通信の接続

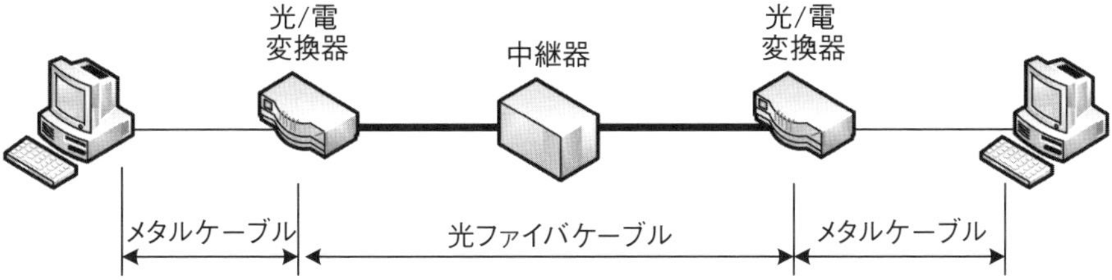

図 4-1-2　光ファイバの構造

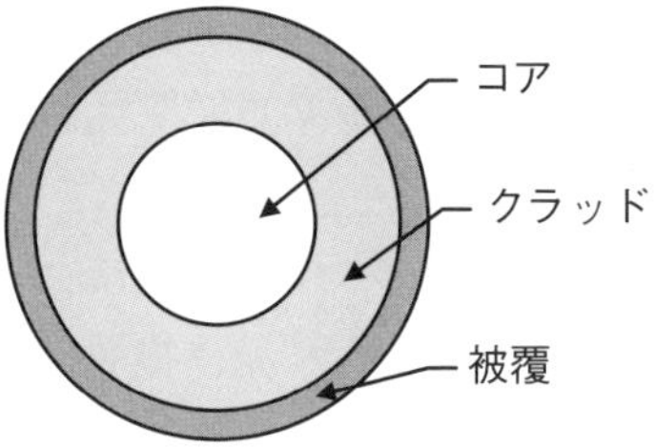

①コア
光を直接伝播する円筒状の部分。
②クラッド
コアの外側の同心円状の光ファイバ。この部分は、コア部に使用されている材料と屈折率が異なる。
③被覆
プラスチック樹脂で被覆している。これは、光ファイバに外部圧力からの影響を保護する目的に、製造時および敷設時に耐えうる強度、耐側性、高信頼性を確保する。

※コアの直径は、光ケーブルの種類によって異なる。
マルチモード光ファイバケーブル　→　コア太い
シングルモード光ファイバケーブル　→　コア細い

●光伝送の原理

光ファイバのコア内に入った光は、光の特性上直進します。直進するため、ケーブルが曲がっていると光がクラッドに当たります。このとき入射した光は、コアとクラッドの屈折率の違いにより境界面で全反射し、光が伝搬します。光ファイバには、単一のモードを使用するシングルモード光ファイバと複数のモードを持つマルチモード光ファイバの2種があります。

シングルモード光ファイバ

コアの直径を小さくし、光の伝搬を単一のモードのみにした光ファイバを**シングルモード光ファイバ**（**SMF**）と呼びます。光の伝搬を単一にしたことで境界面での全反射による波形歪が減少するため、帯域特性が改善し、長距離で大容量の信号伝送が可能になります（図4-1-3）。

マルチモード光ファイバ

複数の伝搬モードを通す光ファイバを**マルチモード光ファイバ**（**MMF**）と呼びます。複数の光の伝搬により波形歪が発生するので、帯域が狭く、長距離伝送に向きません。低コストで短距離伝送に使用されます（図4-1-4）。

・**ステップインデックス型マルチモード光ファイバ**（**SI**）：コアの屈折率分布が一様となっている光ファイバ。光は複数のモードで伝搬するが、到着に時間差が発生するため、伝搬した信号は大きく歪む。信号歪が大きいため、

図 4-1-3　シングルモードの光伝送と断面

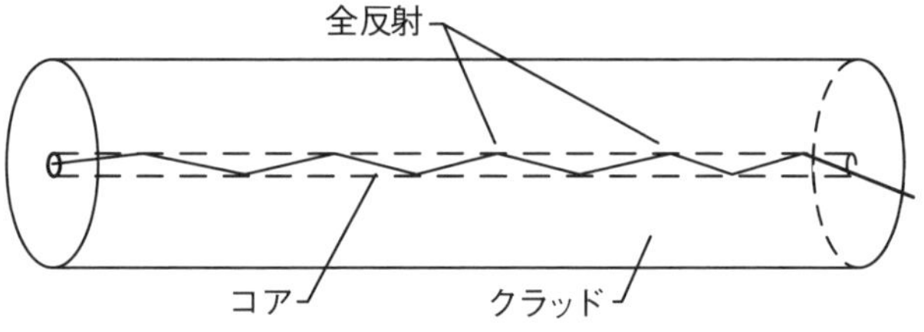

【シングルモードケーブルの構造図】

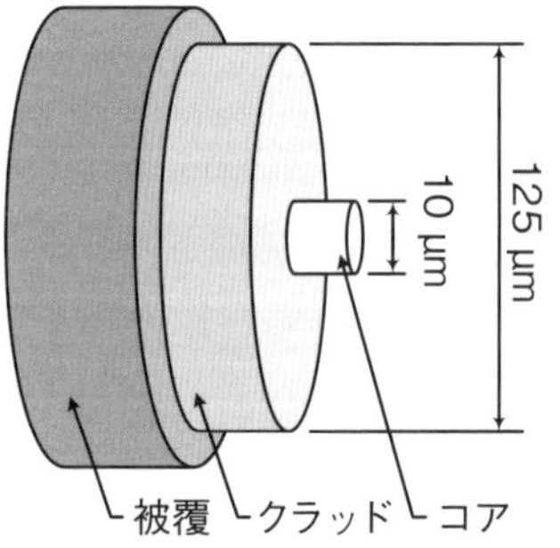

あまり使用されていない。

・グレーテッドインデックス型マルチモード光ファイバ（GI）：コア中心部の屈折率が高く、外側に向かって緩やかに低くなるようにコアの屈折率分布を調整したマルチモード光ファイバ。全モードの伝搬時間を同一に近づけることで、光信号のモード分散を抑えて波形歪を小さくしている（図4-1-5）。

図 4-1-4　マルチモードの光伝送と断面

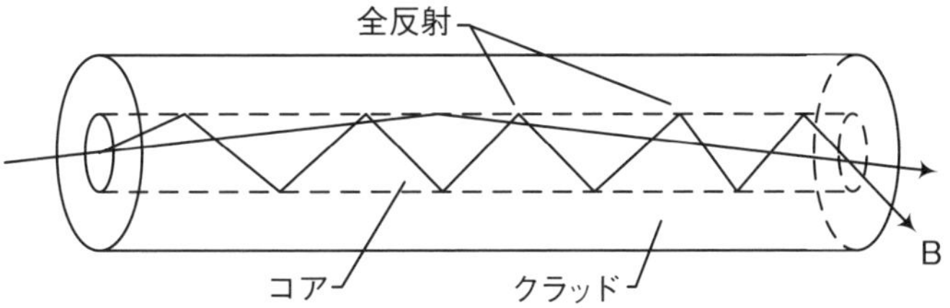

【マルチモードケーブルの構造図】

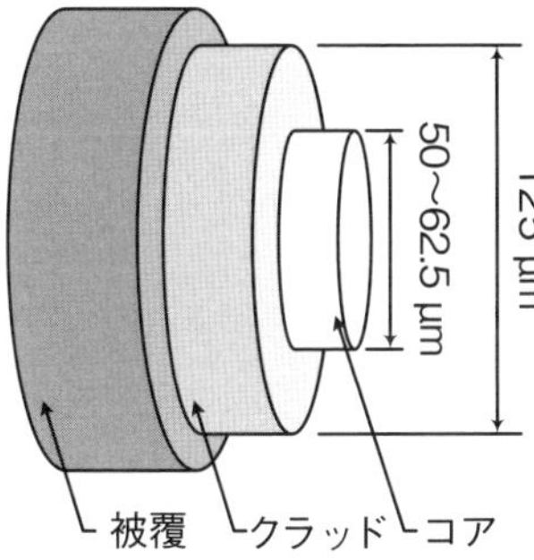

図 4-1-5　グレードインデックスの光伝送

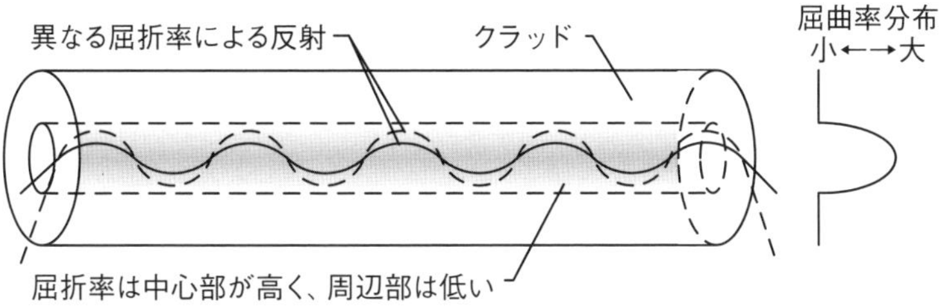

4-2 高速大容量化するデータ通信

高速広帯域サービスは、光ケーブルを用いた運用は、1982年にGI型光ケーブルによりビジネスユーザを対象に映像送信サービスを開始しました。1984年には高速データ通信を実現するため、専用線による高速デジタル通信（150 Mbps）サービスが開始し、1997年にはさらに高速・広帯域のデータ通信サービスとしてATM（非同期転送モード）伝送方式によるサービスが開催されました。

2001年には、高速大容量化と経済性向上の面から、複数ユーザで光ファイバおよび通信事業者側インタフェースの共用化が可能なPON（Passive Optical Network）システム技術を導入し、光加入者回線を利用した定額制のインターネット通信が開始されました。この高速広帯域サービスの提供とともに、光アクセスネットワークの構成も3 Stepに分けて変化してきました（図4-2-1）。

● 1st Step

FTTB（Fiber to the Building）による、アクセスネットワークを光ファイバ通信による高度化の実現です。企業に対して、電話や低速専用線およびISDN（サービス総合デジタル網）のサービスを基本とした光ファイバに通信の高度化の提供です。

● 2nd Step

FTTC（Fiber to the Building）による、映像を含む新規サービスの提供を目的として、対応可能なアクセスネットワークをユーザ宅の近傍までの提供の実現です。FTTBによるインフラを基本として、電話、低速専用線、ISDNに加え、CATVの映像を含む新規サービスの提供を可能にします。

● 3rd Step

FTTH（Fiber to the Home）による、各ユーザ宅までのすべての通信回線を光ケーブルとし、光伝送での高速・大容量データ通信の実現です。各通信会社より FTTH のサービス提供が行われており、広く使用されています。FTTH にはシングルスター（SS）とアクティブスター（ADS）およびパッシブダブルスター（PDS）の 3 種類の接続形態があります。SS は 1 対 1 接続、ADS はリモートターミナル (RT) にて切り替えて接続、PDS は光スプリッタで切り替えて接続する形態です（図 4-2-2、図 4-2-3）。

図 4-2-1
光ケーブル化の展開

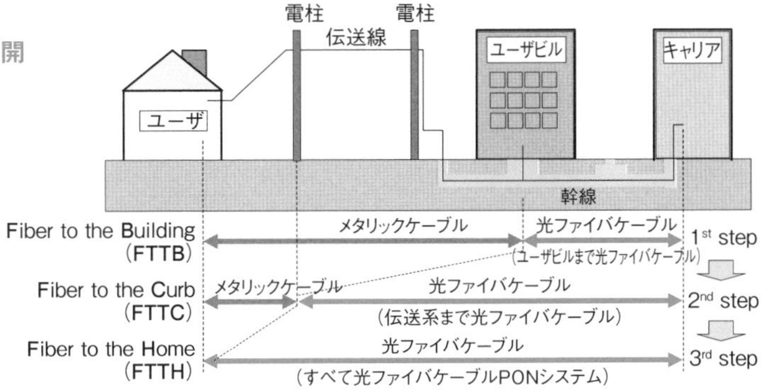

図 4-2-2　SS と ADS の構成

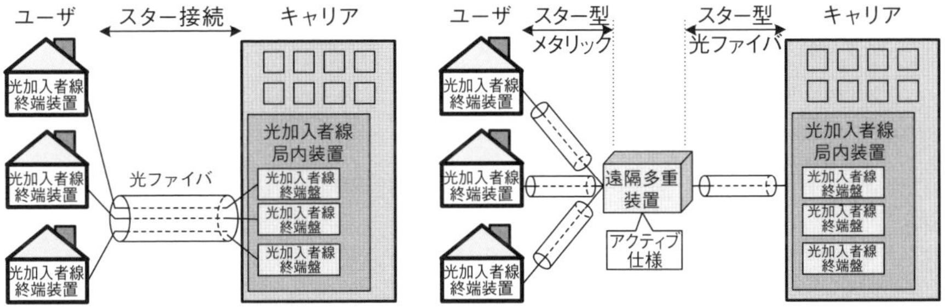

(a)　SS 構成　　(b)　ADS 構成

図 4-2-3　PDS（PON）の構成

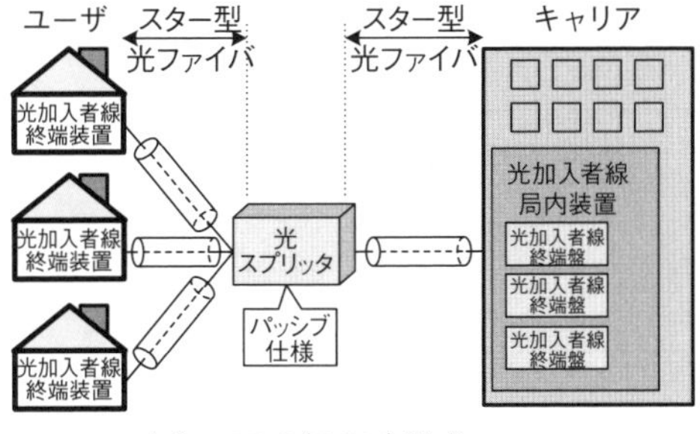

(c)　PDS（PON）構成

4-3 ネットワークを繋ぐ幹線

基幹（コア）の光ケーブルは、シングルモード光ファイバ（SM型光ファイバ）を使用しています。しかし、石英系の光ファイバ心線を使用する光ケーブルは、屋内外での実用に耐えられる構成とすることが必要です。ケーブル構成は、図4-3-1に示すような部材が使用され、層状することで外力からの影響を受けにくくして外力からの耐性を向上させています。

●光ケーブルの構造

幹線用光ケーブルは、光ファイバ、テンションメンバー、保護層およびシースから構成されます。テンションメンバーは、ケーブルの張力に耐えられるようにしています。材料は銅が使用されますが、誘導性強化時は**FRP**（Fiber-Reinforced Plastics：繊維強化プラスチック）、屈曲性向上の場合はアラミド繊維などと、使い分けがされています。ケーブルへの圧力に対しては、保護層による緩衝やシースによる構造にて保護をしています。

●用途別光ケーブル

光ケーブルは、用途別に様々なタイプが使用されています。図4-3-1は、LANに主に使用される**層撚型ケーブル**と呼ばれます。幹線系で使用されるケーブルは、4心光ファイバテープ心線を使用してスロット構造を持ちます。さらに、構成材料をすべて非金属化にし誘導対策を不要にした最大300心までのIF（Inductuon Free）ケーブルが使用されています。

また、ケーブル内への浸水を防ぐため、シース（外被）の内側に止水テープを配置した構造をとっています。光ファイバの心線は、各家庭からのアクセスに対応するため、さらに多芯の光ケーブルが必要となっています。この要求に対応するため、幹線系の光ファイバでは4心または8心光ファイバテープを多数積層して、スロットに格納した構造を持最大1000心までの**WB**（Water Blocing）**型光ケーブル**が活用されています（図4-3-2）。

図 4-3-1　光ケーブルの構造

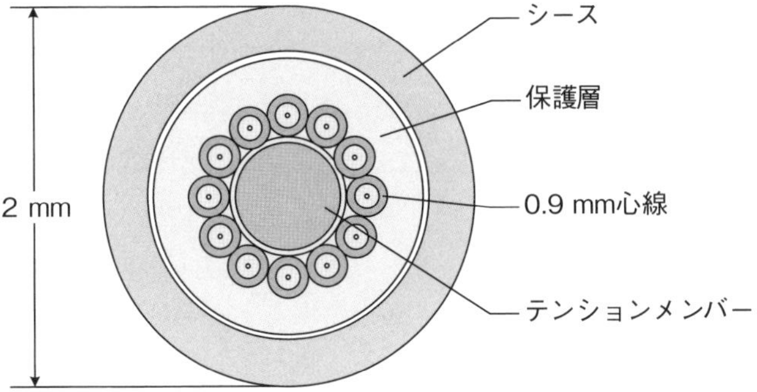

図 4-3-2　幹線系光ケーブル

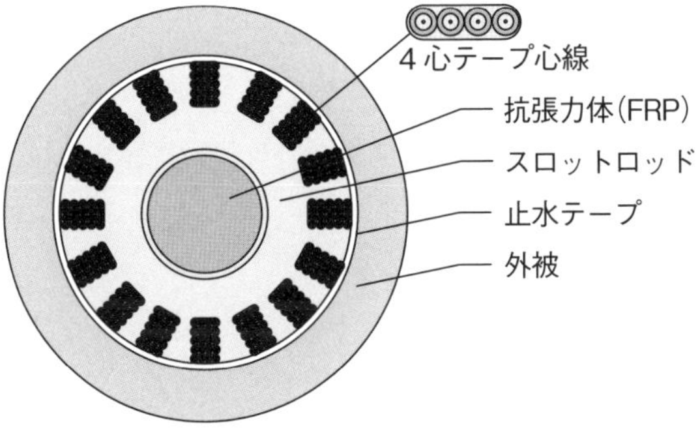

(a)　300 心 IF 型光ケーブル

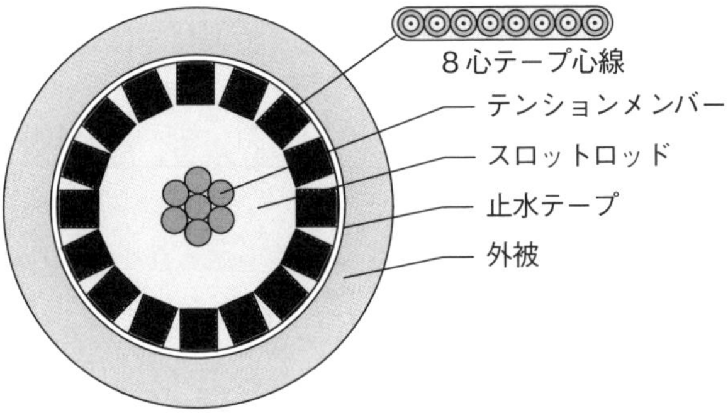

(b)　1000 心 WB 型光ケーブル

4-4 さまざまな光ファイバケーブル

光ファイバは、伝搬モード、屈折率および分布形状、使用する材料およびその光の導波原理などの違いで、さまざまな形状や種類が存在します。

●導電体の材料による分類

誘電体の材料により光ファイバを分類すると、以下の4種になります。

・石英ガラスを主体とした光ファイバ（石英系光ファイバ）
・多種類のガラスから構成される光ファイバ(多成分系酸化物光ファイバ)
・フッ化物ガラスからなる光ファイバ（フッ化物光ファイバ）
・プラスチック系光ファイバ

石英系光ファイバは、純粋な石英（SiO_2）に屈折率を変化させるための添加剤を、コア用にゲルマニウム（Ge)、クラッド用にホウ素（B)、フッ素（F）などを使用します。

多成分系酸化物光ファイバは、ソーダ石灰ガラスやホウ硅酸ガラスなどに屈折率を変化させるための添加剤として、ナトリウム（Na)、カルシウム（Ca）を使用します。

フッ化物光ファイバは、ZrF_4系ガラスに屈折率を変化させる添加剤として希土類元素を使用します。プラスチック系光ファイバは、アクリル樹脂やフッ素系樹脂などを使用しています。

プラスチック系光ファイバの材料としては、アクリル樹脂やフッ素系樹脂のような材料が推奨され、一部に使用されています。通信波長は、前者が0.6 ～ 0.8 μm付近の比較的短い波長を、後者は0.8 ～ 1.3 μmの石英系光ファイバと類似の波長を用いています（表4-4-1)。

●導波原理による分類

光ファイバは、光の全反射を利用するケーブルと特定の波長の光を反射させるブラッグ反射の2つの原理に分類できます（表4-4-2)。

全反射は、コアとクラッドの境界面での屈折率差を利用して光を全反射によってコア内に閉じ込めます。屈折率の違いは、光ファイバの製造過程にて加える添加剤を制御することで屈折率の制御を行います。

ブラッグ反射は、光ファイバにて空孔や屈折率が変化する構造により、光が反射することで光を中心部に集めます（閉じ込めます)。

表 4-4-1　光ファイバの分類

導電体の材料による分類	石英系光ファイバ 多成分系光ファイバ フッ化物光ファイバ プラスチック系光ファイバ
導波原理による分類	全反射型光ファイバ ブラッグ反射型光ファイバ
伝播モードによる分類	シングルモード光ファイバ プラスチック光ファイバ
屈折率分布による分類	ステップインデックス光ファイバ グレーテッドインデックス光ファイバ

表 4-4-2　さまざまな光ファイバ

名称	断面構造	導波原理
シングルモード光ファイバ	 高屈折率コア コア　：高屈折率ガラス クラッド：ガラス	全反射
空孔アシスト光ファイバ	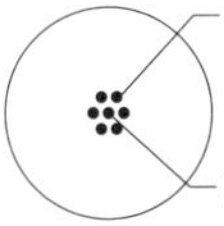 空孔 コア　：高屈折率ガラス クラッド：空孔付ガラス 高屈折率コア	全反射
フォトニック結晶光ファイバ	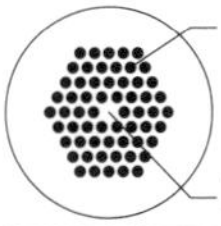 空孔 コア　：中空 クラッド：空孔付ガラス 石英ガラスコア	全反射
フォトニックバンドギャップファイバ	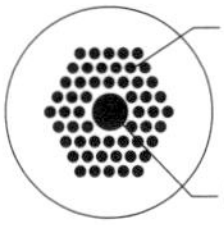 空孔 コア　：中空 クラッド：空孔付ガラス 中空コア	ブラッグ反射

●伝播モードによる分類

光ファイバは、伝搬モード数により、以下の2種類に分けられます。

・**シングルモード光ファイバ**（SM型：Single Mode optical fiber）：伝播モードが1つのみしか存在しない［図4-4-1の(A)］。
・**マルチモード光ファイバ**（MM型：Multi Mode optical fiber）：伝播モードが複数存在する［図4-4-1の(B) (C)］。

●屈折率分布による分類

光ファイバは、屈折率分布の違いにより、以下の2種に大別されます。

・**ステップインデックス光ファイバ**（SI：Step Index optical fiber）：コアとクラッドの間で、屈折率が1段で変化している［図4-4-1 (A) (B)］。
・**グレーテッドインデックス光ファイバ**（GI：Graded Index optical fiber）：コアの屈折率分布が緩やかに変化している［図4-4-1 (C)］。

シングルモード光ファイバとステップインデックス光ファイバは、伝送原理自体は同一となりますが、コア径およびコアとクラッドの比屈折率の差分が少ないため、区別して扱います。各種光ファイバの伝わり方を図4-4-1に示します。グレーテッドインデックス光ファイバは、複数の伝搬モードを伝送させながら波形歪を抑えるための特殊な工夫がされています。

●グレーテッドインデックス光ファイバの処理

屈折率が、コア中心部で高く、コア周辺部で低くなる構造となっています。この構造により伝搬距離の短い低次モードの光は、クラッドとの境界面に達する前に反射し、高屈折率の部分を通ることになります（図4-4-2の①）。

一方、伝送距離が長い高次モードの光は、低屈折率の部分を通ることになります（図4-4-2の②）。光の伝搬速度は屈折率に反比例しますので、中心付近を通る低次モード光は遅くなります。

したがって、ケーブル内を通る光は、屈折率の分布を調整することで光の伝搬時間をルートに関係なく同等にすることができます。これにより、伝搬時間の違いで発生する波形歪みを抑制できます。

図 4-4-1　光ファイバの内における光の伝わり方

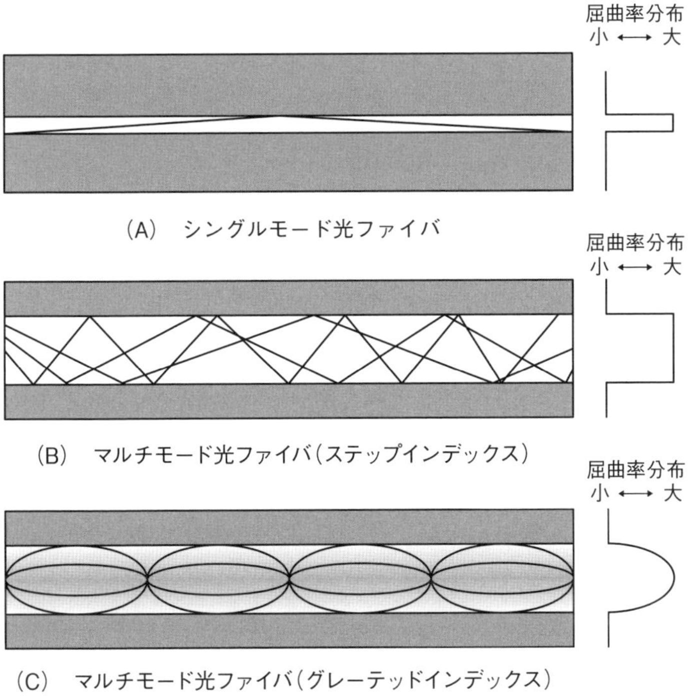

図 4-4-2　グレーテッドインデックス光ファイバ内での光の伝わり方

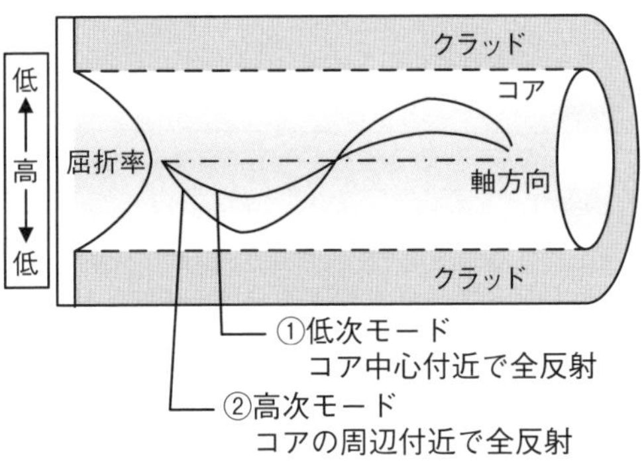

4-5 スプライスボックス

光ファイバケーブルの接続には、溶着接続、光コネクタ接続、メカニカルスプライスによる接続の3種類の方法があります。接続方式の特長を表4-5-1に示します。本節では、メカニカルスプライスを中心に説明します。

●メカニカルスプライス

メカニカルスプライスは、光ファイバの端面を付き合わせ、固定、把持して物理的に押えて固定接続する方法です。メカニカルスプライス上下の間にクサビを差し、V溝基板と押え蓋の間にできるV溝の空間に光ファイバを挿入し、クサビを外して固定させます。メカニカルスプライス内で光ファイバを突き合わせた端面は、屈折率整合剤により光の屈折を抑えた接続状態にします。

メカニカルスプライスによる光ファイバの接続では、ファイバ接続面に偏心があると損失に影響します。また、環境温度の変化及び振動などが加わっても損失や接合面の不安定が発生しないように材質や固定方法に工夫されています。

メカニカルスプライスによる接続は、接合面への外部要因による影響が皆無とはいえませんが、融着方法と比較して作業の簡便さと短時間で作業性が特徴の接続方法となります。

メカニカルスプライスの外観を図4-5-1、作業工程を図4-5-2に示します。

表4-5-1　光ファイバ接続方式の特長

接続の種類	信号の損失	工事の特長	適用範囲
融着	低い	接続時間が長い	幹線
光コネクタ	融着より大	切り替えが容易	幹線、配線、所内、構内
メカニカルスプライス	融着より大	接続が簡単	配線

図 4-5-1　メカニカルスプライス外観

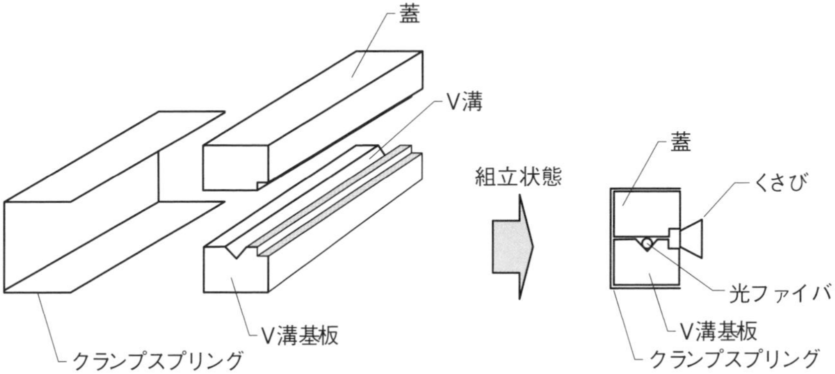

図 4-5-2　メカニカルスプライスの作業工程

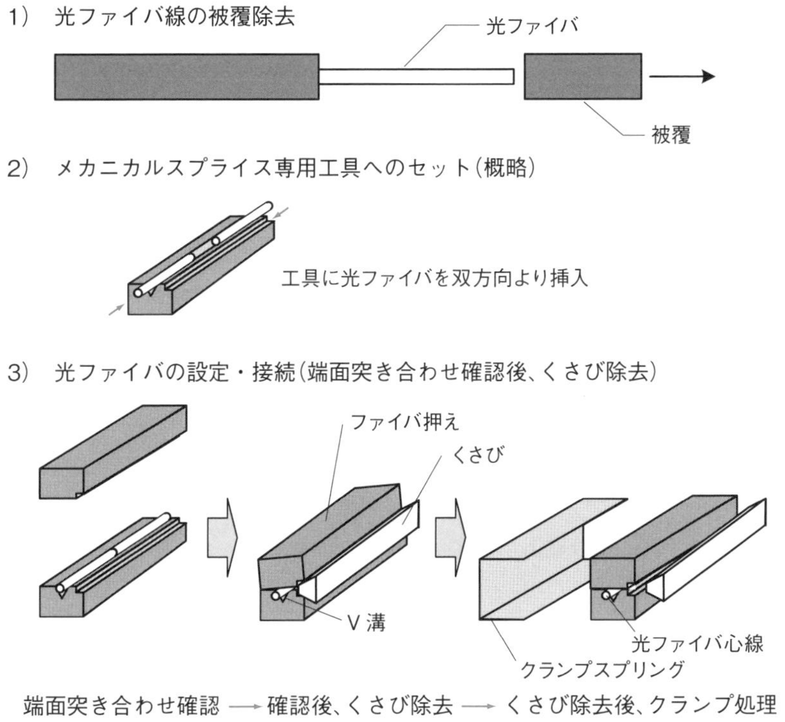

4-6 融着接続

●反射の防止

光ケーブル同士の接合時、微小な間隙があると接合面で光の反射が発生します。この接合状態では、後の信号波形に影響を及ぼすことになります。

●軸合わせ

光ファイバの接続面にずれが発生すると、光が漏れて損失になります。

光ファイバのコア部はシングルモードファイバで約 10 μm、マルチモードファイバで約 50 μm ～ 60 μm です。細いコア同士の接続となるので、ずれが発生しないよう高精度での位置合わせが必要となります。

●要求精度

接続特性は、光ファイバの軸合わせの精度、端面の処理状況、接続条件、ファイバのパラメータ差異によって決定します。シングルモード光ファイバと GI マルチフモード光ファイバの接続不良の内容を表 4-6-1 に示します。

●放電をアーク用いた融着技術

溶着接続は、スプライシング接続と比較してすき間などの不良が発生しにくいなどのメリットがありますが、熱源を扱うための環境や場所への考慮が必要です（図 4-6-1）。

光ファイバの溶融には、一般的にアーク放電が用いられます。アーク放電は、光ファイバの溶融に必要な約 2000℃の高温を、電極間に 4000 V を印加することで溶融環境を発生させることが可能です。

光ファイバケーブルの溶着は、1 本のファイバのみでなく、多心一括接続を用いた溶融でも接続することができます。コア径が 10 μm なので高精度での位置補償が必要になりますが、XY の 2 軸での軸組み合わせによる状態監視を CCD カメラで行いながら高精度での溶融接続を可能にしています。

表 4-6-1　接続不良と許容値

	接続不良の内容		0.1 dB の接続損失を与える各要因の値
1	軸ずれ	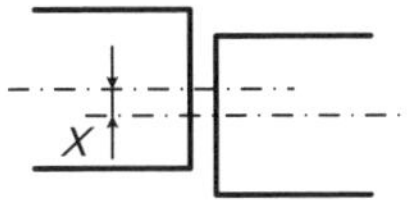	SM X = 0.8 μm MM X = 3 μm
2	接合不完全	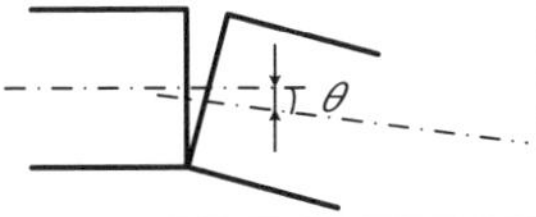	SM θ = 0.3° MM θ = 0.7°
3	接続間すき間	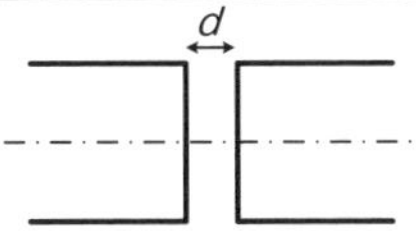	SM d = 35 μm MM d = 35 μm
4	切断斜角	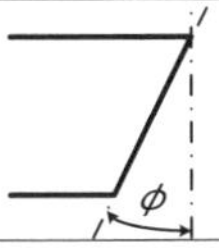	φ = 1.5° μm (融着状態の平均値)
5	コア径の差 (コア径と NA 差)	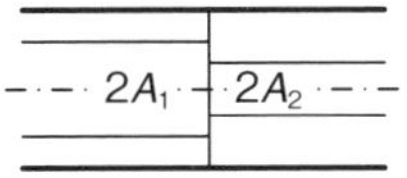	SM 50% MM 1%

注) SM：シングルモード光ファイバ
MM：グレーデッドインデックスマルチモード光ファイバ

図 4-6-1　作業工程（手順）

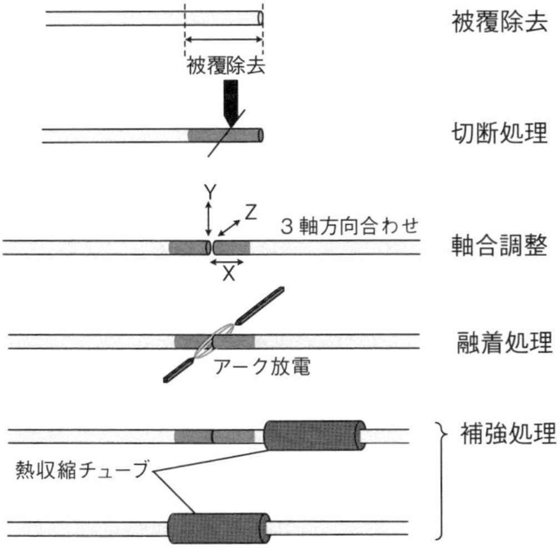

4-7 コネクタ接続

融着接続やメカニカルスプライスでは、いったん接続した光ファイバを取り外して別の光ファイバに付け替えることは難しくなります。そこで、光ファイバの接続変更（部品交換含む）が可能となるようコネクタでの接続を行うこともできます。

光ファイバのコネクタ接続は、光の通るコア部を直接突き合わせます。しかし、接続するコア部の面は平面ではなく**球面研磨**（**PC 研磨**：Physical Contact）処理されていることが一般的です。

これは、**フェルール**（光軸を一致させる部品）でのコネクタ接続において、密着性を高めるため球面に研磨し、コネクタ内のバネ圧によって球面の頂点に位置するファイバ同士を凹ますようにして接続します。これにより、ファイバ間に空気の層（屈折率の異なる層）の発生を回避しています。

●フェルールの研磨方法と反射減衰量

光コネクタの接続時の接続損失と反射減衰量は、特性として重要となります。通常、接続損失はコネクタ種に関わらず、以下のとおりです。

- **シングルモードファイバ**：0.5 dB 以下
- **マルチモードファイバ**：0.3 dB 以下

一方、反射減衰量は、フェルールの研磨方法により違いが大きくでます。研磨方法で光の反射量が異なるので、コネクタの選定を行う際は、コネクタの種類のみでなく、研磨方法を確認または指定することが重要です。研磨方法による反射減衰量の違いを表 4-7-1 に記載します。

表 4-7-1　研磨の種類と特徴

研磨方法	反射減衰量	特徴	端面形状
PC	25 dB 以上	コア同士の密着向上のため、フェルール端面を球面に研磨。接続部での反射を抑えた処理。	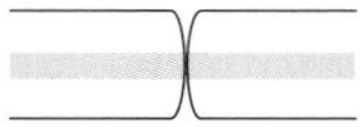
SPC	40 dB 以上	PC 研磨後、低反射研磨を追加で処理。	
UPC	50 dB 以上	PC 研磨後、低反射研磨を追加で処理。	
APC	60 dB 以上	フェルール端面を斜め球面状に研磨。反射光を外部に放射させる処理（通常 8° で研磨）（図 4-7-1 詳細参照）。	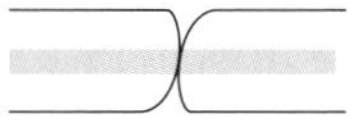

注）研磨方法の略称内容
PC　Physical Contact
SPC　Super PC
UPC　Ultra PC
APC　Angled PC（図 4-7-1 参照）

図 4-7-1　APC 研磨による反射量の低減

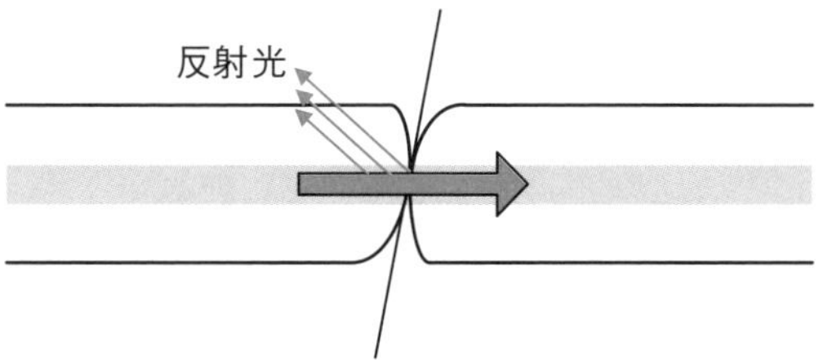

端面処理が斜めとなっているので、反射光があってもファイバ外へ放射され、元の方向に戻りません。

●コネクタの種類

コネクタは、優れた脱着が容易なSCコネクタが一般的に普及しています。SCコネクタは、LANにおいても正解標準とされるコネクタで、プラグをアダプタに挿入することにより固定されるスライドロック構造が特徴です。

計測器などに使用するような固定や取り付け強度が必要な場合は、**FCコネクタ**が適用されます。近年の高密度化では、次世代コネクタとして**SFF**（Small Form Factor）と呼ばれるコネクタが普及し始めています（LC, MT-RJ)。これは、コネクタ部を従来よりも小型化して高密度実装を可能としたものです。代表的なコネクタを表4-7-2に示します。

光コネクタは、同種のコネクタ同士を接続しますが、異種タイプの光コネクタ間の接続することも可能になります。この異種間コネクタの接続には、図4-7-4のような変換アダプタを使用します（図4-7-2、図4-7-3)。図4-7-4に表示している内容は、SCコネクタとFCコネクタの接続例ですが、他の組み合わせ（SCとLC、SCとFCなど）の変換アダプタもあります。

図4-7-2　光アダプタに光コネクタを差し込んで接続

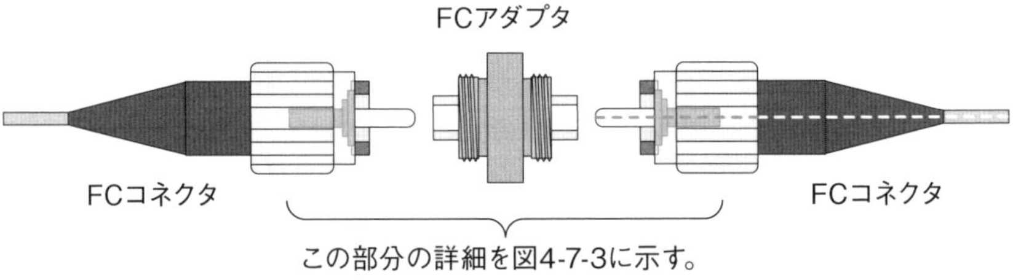

図4-7-3　割スリーブによる光アダプタのファイバ軸合わせと固定

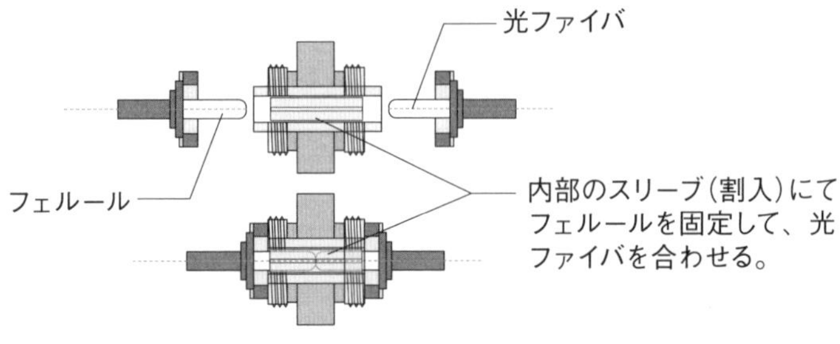

図 4-7-4　異種間コネクタ接続例

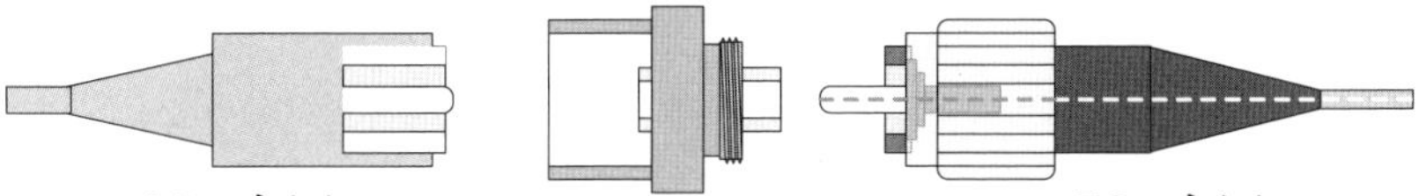

異種間のコネクタでも、変換アダプタを使用することで接続可能

表 4-7-2　主要な光ファイバコネクタ種一覧

No.	コネクタ種名	外観 (コネクタ・アダプタ)	内容
1	FCコネクタ	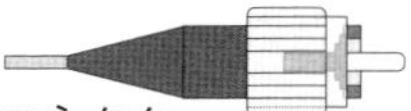 コネクタ アダプタ 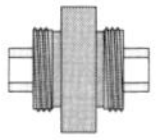	セラミックフェルールを使用した金属製のコネクタ。回転ネジにて固定する。精密測定器やシングルモードファイバに適したコネクタ。
2	SCコネクタ	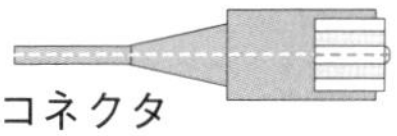 コネクタ アダプタ 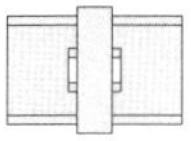	フェルールは、シンブルモードファイバを固定ため2.5 mmを使用しています。樹脂製のコネクタであり、一般的に使用される。挿入時は押し込み、取外し時は引くだけの挿抜が簡易なコネクタ。
3	STコネクタ	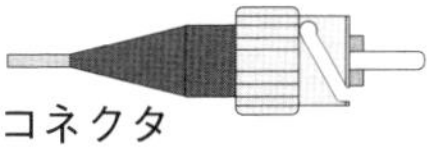 コネクタ アダプタ 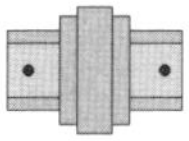	AT＆Tで作成されたコネクタ。フェルール2.5 mmで構成された金属製コネクタで、バネヨット（回転ロック式）で固定される。企業などのネットワークなどでの長距離、短距離のアプリケーションで使用される。
4	LCコネクタ	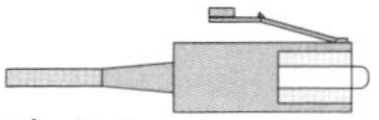 コネクタ コネクタ 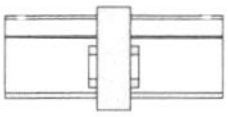	ルーセント社で作成されたコネクタ。フェルールに1.25 mmを使用し、高密度ケーブルに適しています。(2個ペアなど）SFPおよびSFP+などの光ファイバ通信接続用で一般的である。

4-8 配線試験・試験機

光ファイバケーブルまたは光コネクタの伝送損失を測定する手段として、カットバック法、挿入損失法、OTDR 法が JIS C 6823（光ファイバ損失試験方法）に規定されています。

●カットバック法

被測定光ファイバからの出力パワー（P2）を測定し、次に入射端から 2 m 程度の場所で被測定光ファイバを切断して光パワー（P1）を測定します。測定した P1 と P2 から光ケーブルの伝送損失を求める方法です。

入射光パワーを実際と同じ条件で測定できるので、正確な損失量が測定できます。しかし、光ファイバを切断するため、装置に付けた光ケーブルの損失を測定することはできません。

●挿入損失法

被測定光ファイバの入射光パワーと出力光パワーを測定して、測定した光パワーより伝送損失を算出します（図 4-8-1）。本測定法では、ケーブルを取り外して単体で測定を行うので、カットバック法より精度は落ちますが、光ファイバを切断せずに損失結果を求めることが可能です。

● OTDR 法

被測定光ケーブルに入射した光パルスが、ケーブル全体において拡散し、ケーブル状の各箇所で発生するレイリー散乱光の一部が入射側に戻ってくる光パワー（後方散乱光パワー）を測定することにより､損失値が得られます。

OTDR（光パルス測定器）とケーブル接続部の付近 10 m 以内では、反射光によるピークが発生します。これを回避するため、被測定ケーブルとの間に十分長いダミーケーブルを挿入して測定します。図 4-8-2 は OTDR 法での光ケーブルの距離に対する後方散乱パワーの大きさを示しています。

また、OTDR 法は、伝送損失だけではなく、ケーブル接続や光ファイバ一の異常状態も確認することができます。試験結果の波形は、コネクタ接続部は山となり、融着接続部は段差によって表示されます。

図 4-8-1　挿入損失法での測定回路

図 4-8-2　OTDR において測定されるレベル

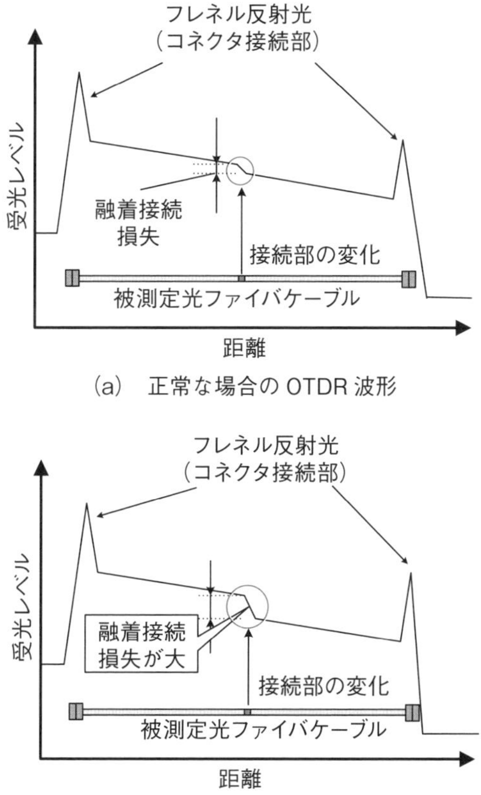

(a)　正常な場合の OTDR 波形

(b)　接続損失が大きい場合

4-9 光ファイバケーブルの規格

10 Gbpsの伝送速度を持つ10ギガビットイーサネットがIEEE 802.3aeとして標準化されています。伝送速度および伝送距離については、表4-9-1に示す7種類が規定されています。なお、衝突回避機構（CSMA/CDなど）は廃止されて、全二重モードのみの規格化となっています。対応する光ファイバは、短距離用のMMF（Multi Mode Fiber）と中長距離用のSMF（Single Mode Fiber）の2種が使用可能です。

表4-9-1　10ギガビットイーサネットの種類

LAN規格	データ速度	伝送速度	対応光ファイバ	伝送距離
10GBASE-LX4	10 Gbps	3.125 Gbps×4	MMF/SMF	300 m/10 km
10GBASE-SR		10.3124 Gbps	MMF	300 m
10GBASE-LR			SMF	10 km
10GBASE-ER				40 km
10GBASE-SW	9.2492 Gbps	9.95328 Gbps	MMF	300m
10GBASE-LW			SMF	10 km
10GBASE-EW				40 km

伝送方式と光波長の組み合わせは、規格名の「10BASE-　」に続く記号で表4-9-2のように判別されます。

表4-9-2　伝送方式と光波長

記号	説明
R	LAN向け仕様
W	SONET/SDHとの互換性を持つWAN向け仕様
X	WDM技術を採用したLAN向け仕様
S	光信号の波長が850 nmの短波長用途
L	光信号の波長が1310 nmの波長用途
E	光信号の波長が1550 nmの長波長用途

4-10 光波長多重通信

波長分割多重（WDM）方式は、1心の光ファイバに複数の異なる光波長を利用し、波長同士が干渉しないように多重化・分離することで複数の信号を同時に伝送する方式です（図 4-10-1）。

WDMには、低密度波長分割多重（CWDM）と高密度波長分割多重（DWDM）の2つの方式があり、波長間隔、チャネル数などの違いがあります。

●低密度波長分割多重（CWDM：Coarse WDM）

1,290 ～ 1,610 μm の波長帯の光を 20 nm 間隔毎に設定し、最大 16 波長を多重する技術です（通常は 1470 ～ 1610 μm で 8 波長まで多重できる機器が主流です）（表 4-10-1）。

波長間隔が広いために、光増幅器を使用することができません。このため、光伝送距離はおよそ 50 km 程度となります。また、波長間隔を 20 nm にしたことで低コストの部品が使用できるので、中距離伝送を低価格で運用に向いています。さらに波長間隔が広いことから波長精度が厳しくなく、温度制御が不十分な光源でも使用できるなどのメリットがあります。

●高密度波長分割多重（DWDM：Dense WDM）

DWDMは、波長間隔を短く設定することで高密度化を実現しており、最大 100 波長程度の多重化して伝送する方式です。本方式は、100 波長の多重化ができることから通信事業者のバックボーンで採用されています。DWDMは、専用の光増幅器・分散補正器などが開発されているので、長距離伝送にも適しています（表 4-10-1）。

使用する周波数は、193.10 THz（1.552.52 nm）を基準に、12.5 GHz、25.0 GHz、50G Hz または 100 GHz の間隔の周波数を使用します。波長間隔は約 0.8 nm と狭いため、光源として使用するレーザダイオードの温度管理を厳しく行い発光する波長の安定化を図っています。CWDMとの比較で光源の温度管理を行うため、DWDMは装置価格が高くなります。

図 4-10-1　WDM による多重化

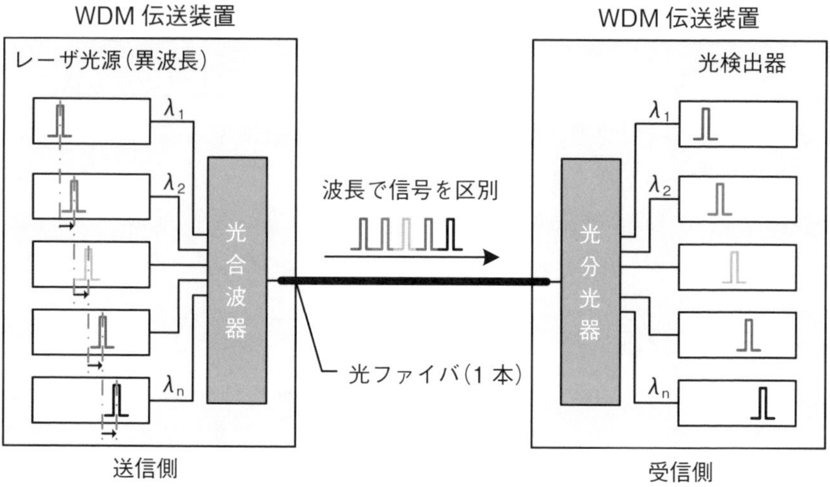

表 4-10-1　CWDM と DWDM の概要

	CWDM	DWDM
多重数	～16 波長程度	16 波～100 波程度
波長間隔	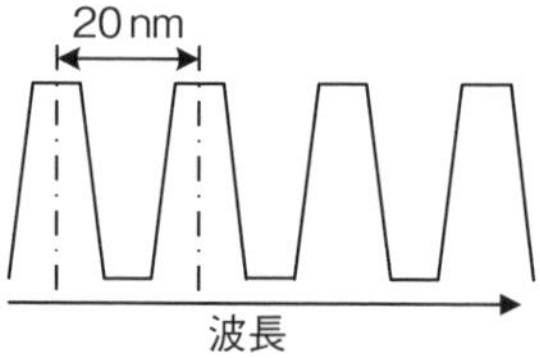	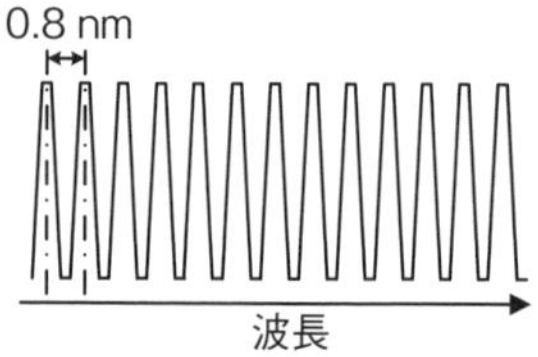
光源の温度	制御不要	制御必要
WDM フィルタ	広帯域通過フィルタ使用 →光源波長の揺らぎ許容可能	狭域通過フィルタ使用 →光源波長の揺らぎの制御が必要（許容不可）
製品/機器コスト	安価	高価
伝送距離	短～中距離用途 （10～50 km）	長距離用途 （数百 km）

4-11 光アクセスネットワーク

FTTH サービスを高速で安価に実現する光アクセスシステムとして、GE-PON（Gigabit Ethernet Passive Optical Network）システムが実現しています。**PON** とは、アクセス形態の1つで光—電気変換を行わず、受動（Passive）素子であるスプリッタを用いて光信号を複数に分岐して、一心の光ファイバを複数ユーザで共有してネットワークを構築する技術です（図 4-11-1）。

●シングルスター（SS）方式（図 4-11-2(a)）

通信事業局からユーザ宅までの間が、光ファイバで1対1による専用の光ファイバで接続される方式です。ユーザは光ファイバを接続できるので高速通信を実現可能です。しかし、各ユーザ宅に ONU（Optical Network Unit）の設置が必要になりますので加入者数が多くなると、設備量の増加によるネットワーク全体のコスト上昇となります。

●アクティブダブルスター（ADS）方式（図 4-11-2(b)）

通信事業局からユーザ宅内装置の間に分岐装置（RT：Remote Terminal）を設置し、複数のユーザの信号を多重化して1対多で接続する方式です。分岐装置では能動的に電気信号を多重化し、光信号1本で通信事業局に転送します。通信事業局と RT で2段のスター接続構造をとることから**ダブルスター**と呼び、RT は能動的な動作を行うことから**アクティブ**と呼びます。

●パッシブダブルスター（PDS）方式（図 4-11-2(c)）

通信事業局とユーザ宅装置間の光ファイバを光、スプリッタを用いて分岐し1対多で接続する方法です。接続形態は ADS と同じですが、分岐装置が受動的な分岐であることから**パッシブ**と呼びます。通信事業局と RT の間では、通信多重が行われます。PDS は一般的には、**PON** と呼びます。

図 4-11-1　PON の概念図

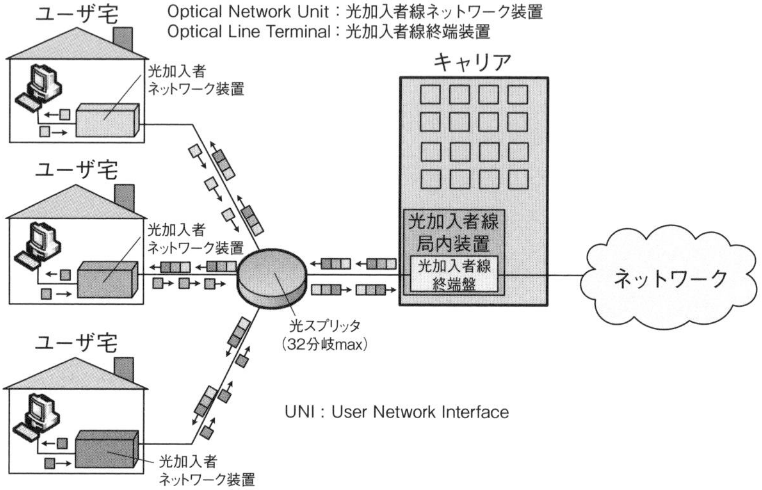

図 4-11-2　光アクセスネットワークの方式

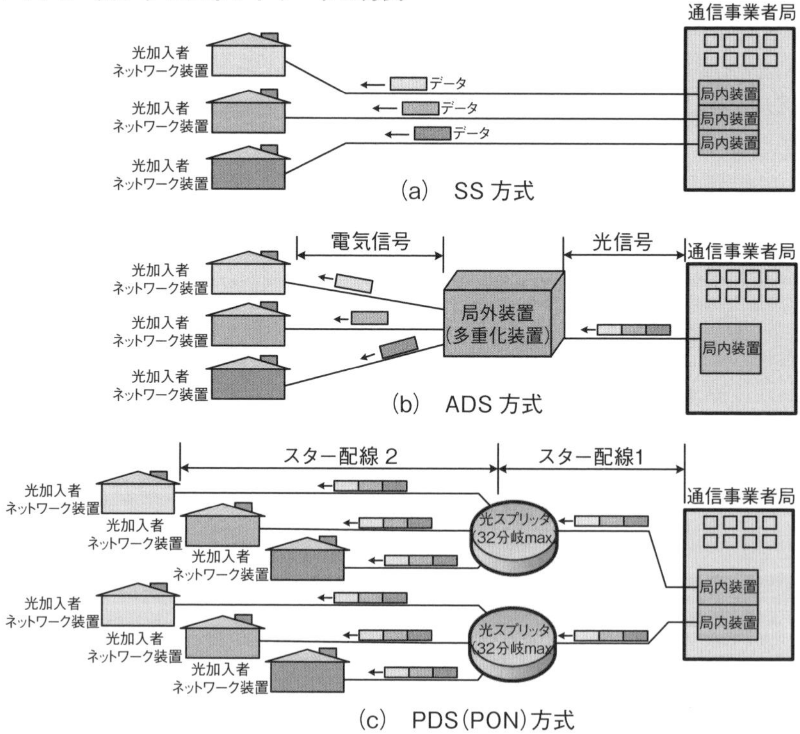

第5章

情報セキュリティ

インターネットでのショッピングは、多くの方が経験していることと思います。クレジットカードで支払いを済ませることがほとんどですが、カードの情報が盗みとられることを心配したことはありませんか？ネットショッピングでは、暗号化されて情報伝送されるため心配はありません。このような情報セキュリティに関する技術の扉を開けてみましょう。

5-1 情報セキュリティの定義

情報セキュリティとは、情報セキュリティマネジメントシステムの要求事項（JISQ27001:2014）として、次の3項目を維持するものと定義されています（JIS Q 27002:2014）。これらは、日常の会社業務上においても、基本的な事項と考えられます。

・**機密性**：アクセスを許可された者だけが、その情報にアクセスできる状態を確実にすること。
・**完全性**：情報の完全性が保護され、更新や消去および改ざんなどが不用意に行われない状態を確保すること。
・**可用性**：情報へのアクセスが許可された利用者が、必要なときに情報および関連情報資産にアクセスできることを確保すること。

情報通信としての脅威には、不正行為や不正アクセスおよびウィルス感染などがあります。不正行為は盗聴/情報漏洩/データ改ざん/なりすましなどであり、不正アクセスにはDoS攻撃/ハキング/クラッキングがあげられます。

●不正行為

不正行為は、主に次のとおりです。

・**盗聴**：サーバなどに保管している情報を盗む行為。
・**改ざん**：保管データを許可なく変更や消去する行為。
・**なりすまし**：他人のIDやパスワードを盗み、無断で使用する行為。

●不正アクセス

不正アクセスは、主に次のとおりです。

・**DoS攻撃**：特定のサーバやサイトなどに大量のデータを送信する攻撃で、

対象となったサーバが通信負荷に耐えらない状態にすることでスローダウンやシステムダウンを引き起こし、サービス提供を不可にする。

・**バッファーオーバフロー攻撃**：対象サーバに対して、バッファ許容量を超える大容量のデータを送信して、誤動作を発生させる。誤動作発生後、OSやアプリケーションの虚弱性を利用してサーバプログラムを改ざんすることでシステムを乗っ取る。

・**辞書攻撃**：サーバなどのパスワードを見つけるため、辞書（英語）に記載している単語を順番に入力する手法。

・**フィッシング**：金融機関などが発行したメールを装い、個人情報である氏名、住所、銀行口座、クレジットカード番号を入力させて盗む手法。

・**キーロガー**：パソコンなどのキーボード入力を常時監視して、入力キーよりIDやパスワードを盗みとる手法。

・**踏み台**：サーバやパソコンが侵入した第三者に乗っ取られ、不特定のサーバやPCを攻撃する拠点にさせられること。

・**SQLインクジェション**：アプリケーションプログラムの虚弱性を利用して、アプリケーションが想定しない悪意のあるSQLコマンドを実行させることで、データベースシステムからのデータ入手や改ざんなどを行う手法。

●コンピュータウィルス

インターネットを通じて不特定多数のパソコンなどのプログラムやデータベースに寄生して増殖させ、システム管理者の意図に合わない不正な指示による動作や被害を及ぼすようにつくられたプログラムです。

・**自己伝染機能**：自らの機能によって、他のプログラムへの自身をコピー、またはシステム機能を利用して自らを他システムにコピーすることにより、他のシステムに次々に伝染する機能。

・**潜伏機能**：発病するための特定時間、一定時間、処理回数などの条件を記憶させて、発病するまで症状を出さない機能。

・**発病機能**：プログラム、データなどのファイルの破壊を行ったり、設計者の意図しない動作をするなどの機能。

5-2 電子認証技術

認証は、ネットワークを使用する利用者が事前登録により得た利用権限を持っているか否かを、確認する処理です。

● ID パスワード認証（クリアテキスト認証）

本認証は、本人とシステム管理側とで事前に登録したID番号とパスワードを使用して本人確認を行うもので、古くからある認証方式です。ログインする際にサーバに対して平文でユーザIDとパスワードを入力します。本方式は、ローカルノード内の装置間で使用されていた方式を拡張したものです。概念図を図5-2-1に示します。

●チャレンジレスポンス認証

IDパスワード認証の脆弱性を対策した方式が、このチャレンジレスポンス認証です。チャレンジレスポンス認証では、認証処理にてパスワードがネットワークに流されないことが特徴です。手順は以下のとおりです。

①クライアントからユーザIDをサーバが受信する。
②サーバは、チャレンジコード（使い捨ての乱数）を生成し、クライアントに送信する。
③クライアトとサーバは、双方で共有しているパスワードとチャレンジコードからハッシュ値を各々で作成する。
④今度は、クラアントで作成したハッシュ値をサーバに送信する。
⑤サーバは、自己作成のハッシュ値とクライアント作成のハッシュ値を比較することで、ユーザ認証を行う（図5-2-2）。

図 5-2-1　ID パスワード方式

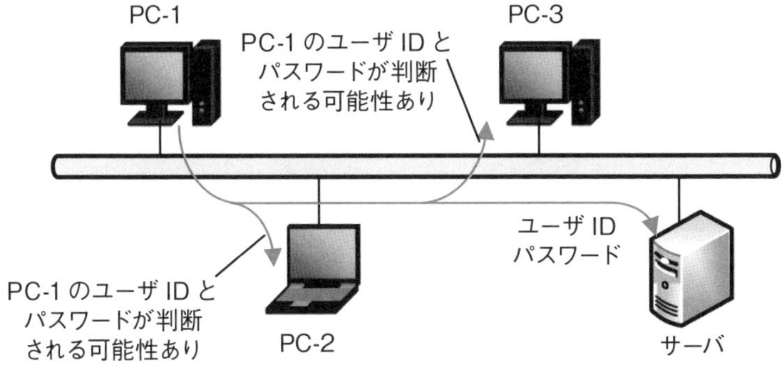

図 5-2-2　チャレンジレスポンス方式

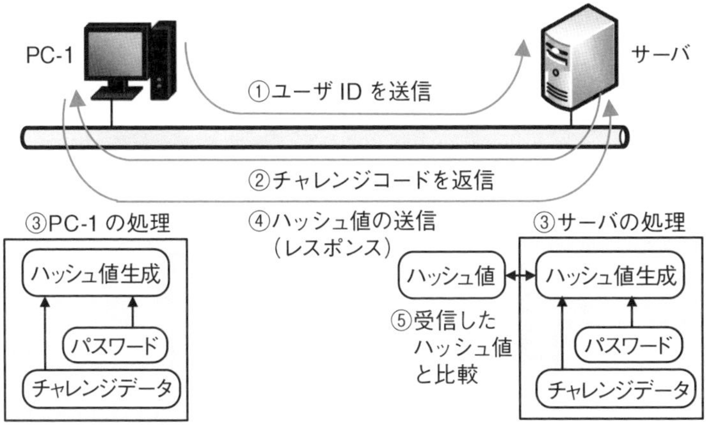

●ワンタイムパスワード

ワンタイムパスワード（OTP）は、パスワードをログインの度に作成して毎回異なるパスワードで認証する方式です。チャレンジレスポンス方式は、チャレジコードを毎回捨てていましたが、ワンタイムパスワードはパスワードを毎回捨てます。S/Key 認証方式では、シードの他にシーケンス番号も使用します。また、シーケンス番号の分だけハッシュ値を演算して作成します。

・**クライアント**：「シーケンス番号－1」回まで演算する。
・**サーバ**：「最後の1回」を演算する。

ハッシュ値の演算では、最後の1回をサーバ側で処理させることで、セキュリティを向上させています。動作のフローを図5-2-3に示します。

●所有物よる認証

利用者が所有する磁気カード、ICカードなどによって本人であることの正当性を確認します。

・**磁気カード**：磁気情報としてIDなどの本人確認情報を記録しておく。磁気情報は、比較的簡単に読み出し可能であり、セキュリティ上問題がある。
・**ICカード**：ICを埋め込んだカードで、CPUとICメモリが組み込まれ、プログラム制御のセキュリティ対策を施し、安全性が高い。カード認証手順を図5-2-4に示す。

図 5-2-3　ワンタイムパスワード方式のフロー

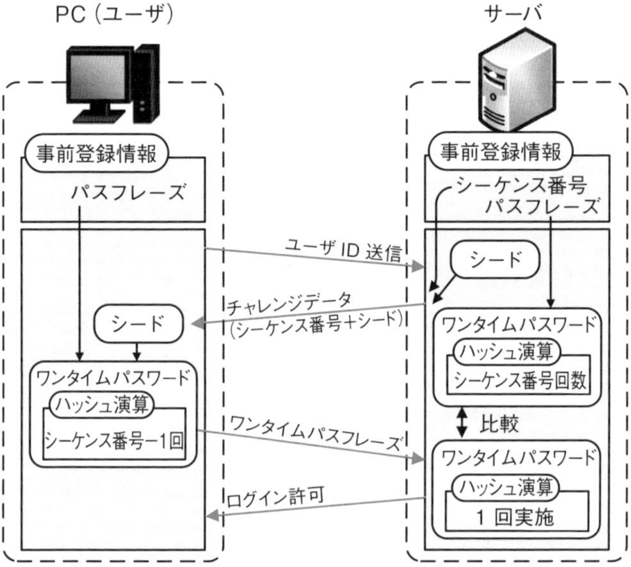

●バイオメトリクス認証

生体認証とも呼ばれる利用者の身体的特徴（指紋、パーム、血流、網膜、声紋、サインの筆記パターンなど）を事前に測定して、パラメータとして保存しておきます。利用者がアクセスするときにこれらの情報を採取して、登録データと照合させて、本人確認を行います。パスワード認証の場合は、パスワードのハッキング、漏洩や盗聴などで第三者が認証される可能性があります。しかし、生体認証であれば、パスワードのような危険性は低いと考えられています。指紋認証の例を図 5-2-5 に示します。

図 5-2-4　カード認証手順

図 5-2-5　指紋認証

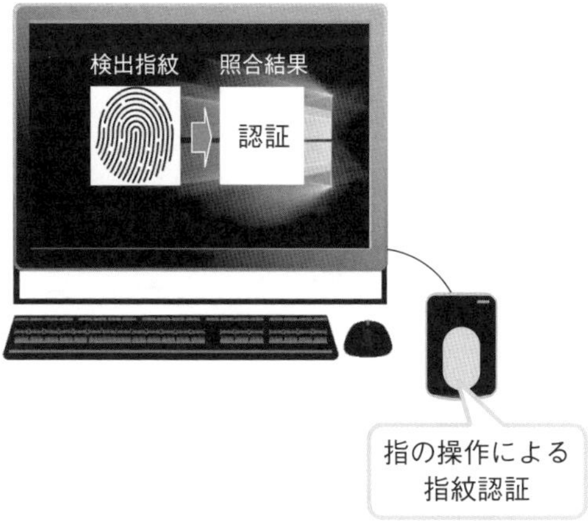

5-3 デジタル署名技術

●デジタル署名

デジタル署名は、鍵の生成アルゴリズム、利用者の秘密鍵を用いて署名を生成するアルゴリズムおよび、それと利用者の公開鍵を用いて署名を検証するアルゴリズムで構成されています。

このデジタル署名は、ネットワーク上で相手のURL間との接続において、データ発信者の特定による否認防止、データ改ざん検出や送信者の確認にも利用されています。

暗号化方式は、一般的に公開鍵暗号方式が用いられます。この公開鍵暗号方式には公開鍵と秘密鍵の2種がありますが、デジタル署名では以下の違いがありますので注意が必要です。

・**公開鍵暗号方式**：受信側の公開鍵と秘密鍵を使用する。
・**デジタル署名**：送信側の公開鍵と秘密鍵を使用する。

●デジタル署名の認証手順

デジタル署名の認証手順は、次のようになります。

①受信側は、公開鍵をあらかじめ送信者より入手しておく。
②送信側は、ハッシュ値を作成したデータから作成する。
③送信側は、ハッシュ値を自分の秘密鍵を使って暗号化する。
④送信側は、データに暗号化されたハッシュ値（デジタル署名）を添付して受信側に送信する。
⑤受信側は、受信データで送信側が使用したものと同じハッシュ関数を使用してハッシュ値を生成する。
⑥送信側からのデジタル署名を送信側の公開鍵で復号化する。
⑦復号化されたハッシュ値と受信側で作成したハッシュ値が一致すれば、

データの改ざんはなく、送信側が署名者本人であることが確認できる(図5-3-1)。

図 5-3-1　デジタル署名の処理フロー

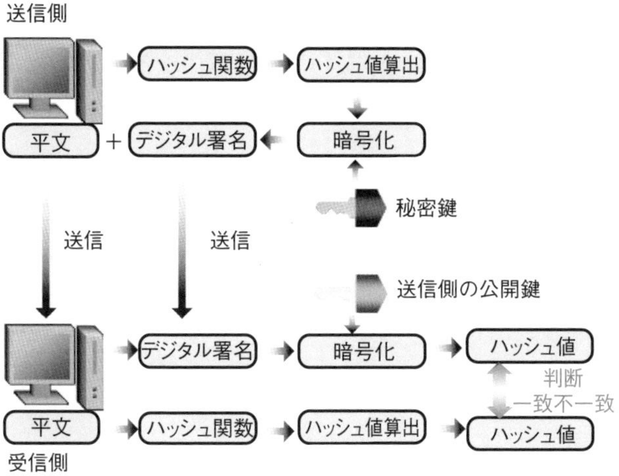

デジタル署名は、なりすましと改ざん防止には有効な手段です。しかし、データはそのままインターネットに流れるので、盗聴防止や情報漏洩には効果がありません。盗聴防止・情報漏洩防止をする場合は、送信するデータを暗号化することが必要です（図 5-3-2）。

図 5-3-2　デジタル署名＋暗号化

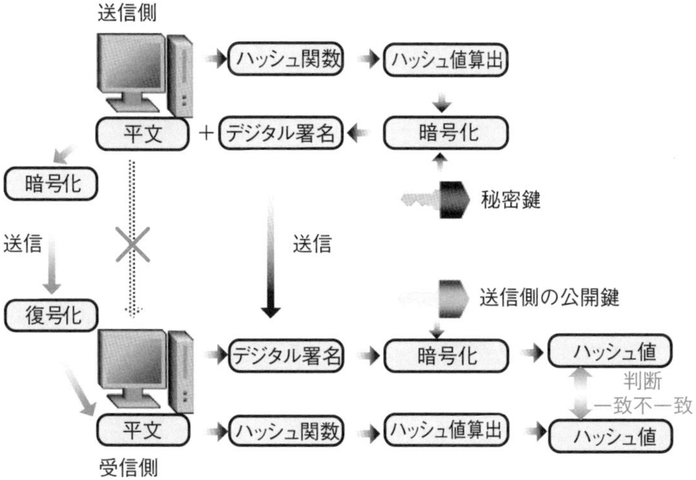

●公開鍵証明書の利用

認証局（**CA**：Certification Authority）とは、デジタル証明書を発行する機関で、電子証明書の登録、発行、失効を行う第三者機関です。この認証局（CA）の発行した公開鍵証明書により、公開鍵の所有者を証明し、公開鍵の真正性の保証を行います。

このように認証局による証明を利用してインターネット上で安全に通信を行うことを**PKI**（Public Key Infrastructure）と呼びます。認証局は、**認証局運用規定**（**CPS**：Certification Practice Statement）に従って、偽名登録や不正侵入による情報漏洩や改ざんを防止し、公開鍵証明書（表5-3-1）の発行、管理、運用を行います。認証局モデルによる公開鍵の交換手順を図5-3-3に示します。

●鍵交換

鍵交換の手順は次のとおりです。

①ユーザAは認証局に公開鍵を登録のため、証明書添付して申請する。
②認証局はユーザAの本人性を対面などで確認後、証明書を登録して発行する。
③ユーザAは、発行された証明書と暗号化済のデータをユーザBに送信する。
④ユーザBは、証明書に記載のユーザAの情報とCAの署名を確認し、ユーザAの公開鍵を入手する。

仮にユーザXがユーザAになりすまして公開鍵を配布しても、CA発行の証明書がないため、なりすましであることがわかり接続を拒否されます。

CAは、自分自身を証明するために証明書を持っています。CAのこの証明書にはCA自身によって署名が登録されており、**自己署名証明書**と呼びます。また、大規模なPKIの場合は、CAの証明書が他のCAから署名されることもあります。

表 5-3-1　公開鍵証明書の内容

	証明書記載内容
1	バージョン
2	シリアル番号
3	署名アルゴリズム
4	発行者名
5	証明書有効期限
6	証明者（本人）名
7	公開鍵情報
8	Ver 2 の拡張領域
9	Ver 3 の拡張領域
10	証明局の署名

図 5-3-3　認証局による証明

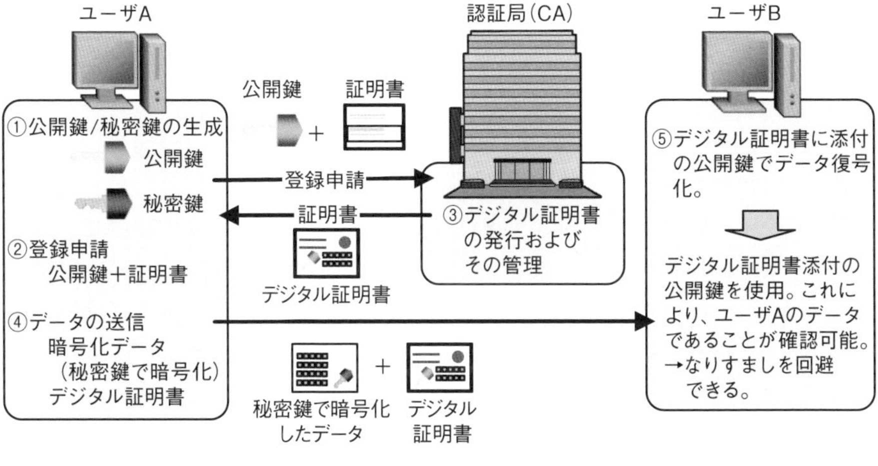

電子取引では認証局の第三者の証明書が必要

デジタル署名と認証局と PKI の処理は、処理内容が似ています。しかし、デジタル署名には、認証局の証明書発行がありません。証明書がないというのは、実印の印鑑証明書がないものと考えられます。したがって、印鑑証明のない処理データ処理は。信用度が低くなります。重要な電子取引では、認証局の第三者の証明書が必要と考えましょう。

5-4 ネットワークのセキュリティ

インターネット技術を使用した企業内でのイントラネットをインターネット回線に接続する際には、外部接続からの侵入を防御するセキュリティが必要です。その境界にファイアウォールを設置して、セキュリティを確保します。

●パケットフィルタリング型ファイアウォール

パケットのヘッダ部の内容を確認して、通過を許可 / 不許可の判断を行います。確認対象となる情報は、**アクセス制御リスト**（ACL：Access Control List）（表 5-4-1）に記載された事項で、ヘッダ情報の送信元 IP アドレス、宛先 IP アドレス、送信元ポート番号、宛先ポート番号、プロトコル種別などが対象になります。

IP アドレスでのフィルタリング例

IP アドレスを使用する場合、ファイアウォールは表 5-4-1 の番号 1 ～ 2 の内容の ACL（例）を記述します。ACL の適用漏れを回避するため、通過させるパケットを記述した後、すべてのパケットを破棄する記述を最後に追加します。これで、許可されたアドレス以外は、拒否されます（図 5-4-1）。

ポート番号でのフィルタリング例

ポート番号でのフィルタリングも、最初に必要なポートの通信を許可するルールを作成してから、最後にすべてのポートの通信を遮断するという内容で作成します。表 5-4-1 の「番号」3 ～ 4 の内容がポートによるファイアウォールの例です（図 5-4-2）。

多くのアプリケーションには、何らかのバグが存在し、それがセキュリティホールに繋がる可能性があります。利用しないアプリケーションのポートは閉じておくことがセキュリティ上重要となります。

表 5-4-1　アクセス制御リスト（ACL）の例

番号	送信元アドレス	送信元ポート	宛先アドレス	宛先ポート	許可 / 不許可
1	192.1.1.23	すべて	すべて	すべて	許可
2	すべて	すべて	10.0.0.1	すべて	許可
3	すべて	すべて	TCP80 (http)	すべて	許可
4	すべて	すべて	TCP25 (smtp)	すべて	許可
5	すべて	すべて	すべて	すべて	不許可

図 5-4-1　IP によるファイアウォール

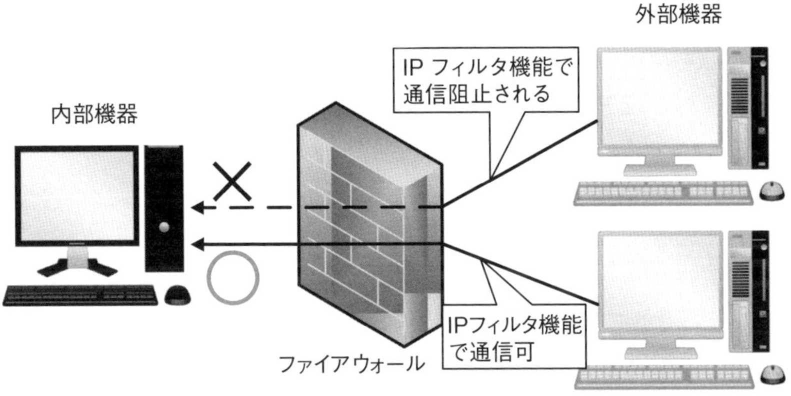

図 5-4-2　ポート番号によるファイアアーウォール

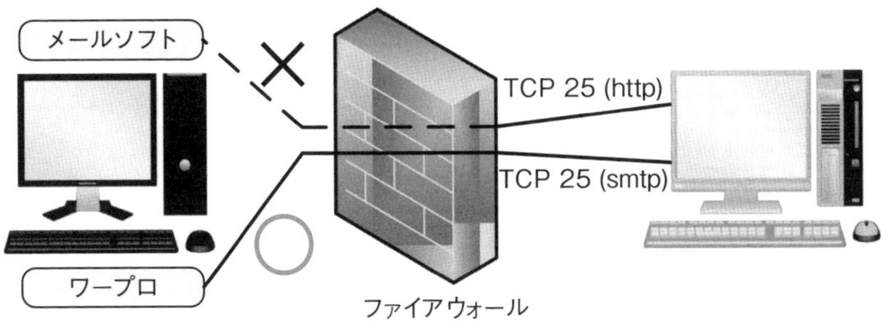

リクエストの応答によるフィルタリング例

インターネット通信で相手WEBサーバなどからの返信を受ける場合、リスエストは内側のクライアントからの通信なのでファイアウォールは問題なく通過させます。しかし、その返信が受けられないことが発生する場合があります。WEBサーバから返信するに指定するポートは、OSで自動割当てされる動的なポート番号を使用するため、ACLに事前登録が不可能です。そこで、TCPヘッダを確認すると、ACKフラグ（ACKビット）のフィールドがあるので、これを使用します。ファイアウォールは、このACKフラグのビットを確認することで自エリアより送信した通信の返信であることが判断できるので返信データの通過を許可することができます（図5-4-3）。

●アプリケーションパケットフィルタリング型ファイアウォール

アプリケーション層の内容から判断して、通信の通過可否を決定するファイアウォールです。**L7ゲートウェイ**と呼びます。クライアントからのSMTP要求やHTTP要求をL7ゲートウェイが一度横取りするイメージです。

ステートフルインスペクション

パケット通過/不通過を判断する判断因子が多く、セキュリティコントロールを詳細条件で決定できる点を特徴としています。ステートフルインスペクションは、送信時の情報を記録しておき、受信されたデータに記録した情報と比較して不正や問題などがないか判断を行います。このため、受信したパケットに応答であるACKフラグが立っていても、そのデータに対する送信パケットがなければ、そのパケットは不通過と判断します（図5-4-4）。

プロキシサーバ

L7ゲートウェイを**プロキシサーバ**と呼びます。プロキシサーバは、内部パソコンなどからWEBサーバへのアクセスを要求する場合、いったんプロキシサーバがアクセスを受けて代行でWEBサーバにアクセスを行います。こうすることで、社内LANのIPアドレスなどを外部から隠匿する方法です。また、内部からの同様なアクセスがあった場合、まとめて通信してプロキシサーバからのキャッシュ応答にて、処理の効率化図ることができます（図5-4-5）。

図 5-4-3　ACK によるファイアウォール

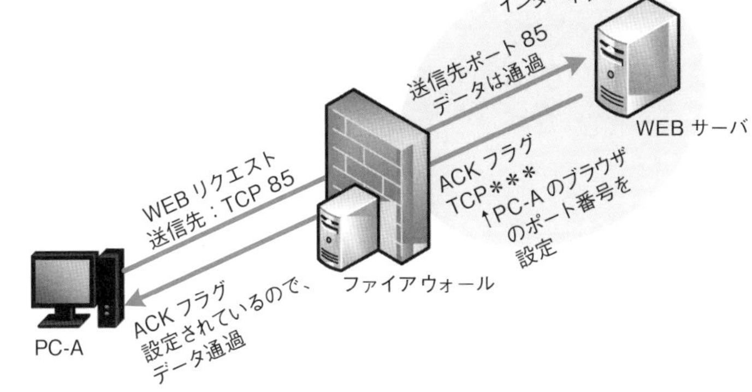

図 5-4-4　L7 ゲートウェイによるファイアウォール

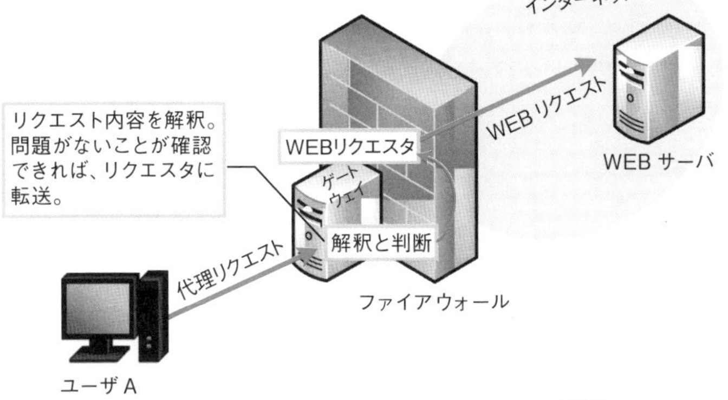

図 5-4-5　プロキシサーバによるファイアウォール

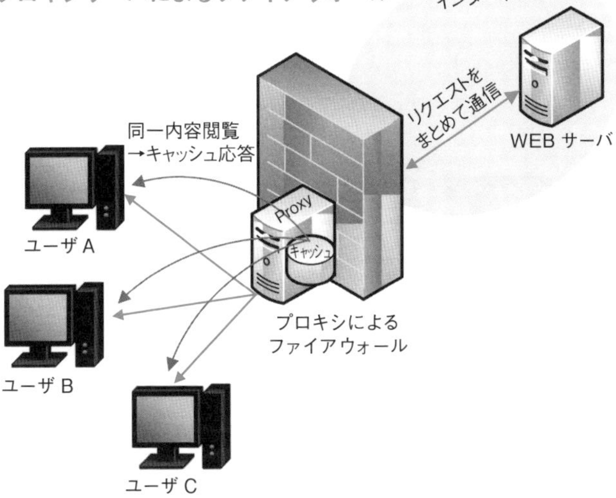

5-5 情報漏えい防止・アクセス権の設定

●アクセス制御

情報資産データを不正に使用又は盗難などを防止するため、規則に従ったデータへのアクセスレベルを設定してセキュリティを確保します。

任意アクセス制限（DAC：Discretionary Access Control）

データの管理者が使用者に対してアクセス権を任意に設定できる方式です。

アクセス権の種類は、アクセス不可、読取り／書込み、実行、削除、変更の主に4種の権限の組み合わせおよび、フルコントロールなどで構成されます（図5-5-1）。

強制アクセス制限（MAC：Mandatory Access Control）

セキュリティポリシーに従ったデータシステムへのアクセス機密度レベルを設定し、このレベルによってアクセスを制限する方式です。機密度とクリ

図5-5-1　任意アクセス制限

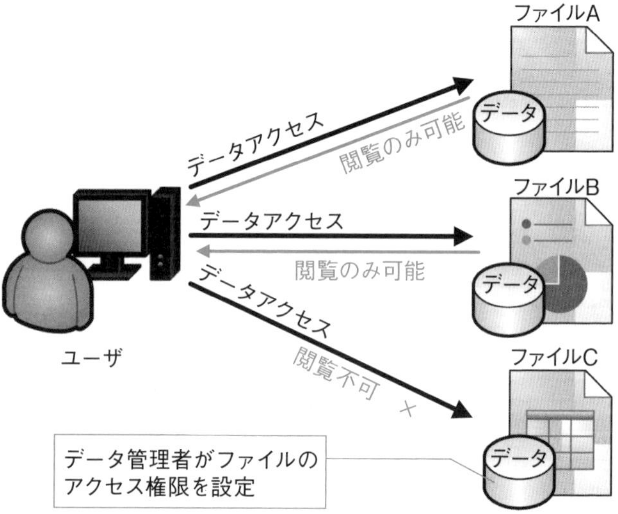

図 5-5-2　強制アクセス制限

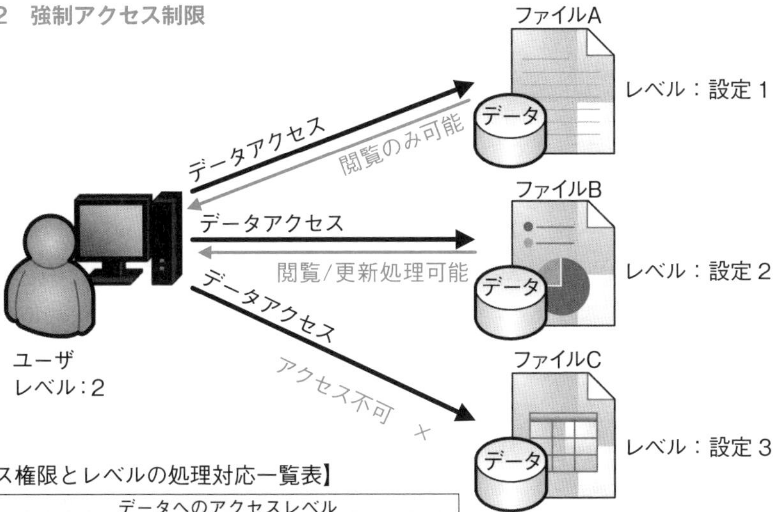

【アクセス権限とレベルの処理対応一覧表】

ユーザ権	データへのアクセスレベル		
	Level 1	Level 2	Level 3
Level 1	閲覧/更新処理可	アクセス不可	アクセス不可
Level 2	閲覧のみ	閲覧/更新処理可	アクセス不可
Level 3	閲覧のみ	閲覧のみ	閲覧/更新処理可

アランスレベルの比較にてアクセス制限が設定されます（図 5-5-2）。

●侵入検知システムと侵入防御システム

インターネット経由で受信するパケットを監視し、不正アクセスと思われるパケットを検出した場合に管理者に通知（IDS）、または不正侵入を検出後、その通信を自動的に遮断します（IPS）。

侵入検出システム（IDS：Intrusion Detection System）

IDS には、次の 2 種があります。

・**ネットワーク型 IDS（NIDS）**：パケットのデータおよびヘッダー情報を事前に設定した条件を使用して検査する（図 5-5-3）。
・**ホスト型 IDS（HIDS）**：ログ情報、コマンド履歴およびファイル情報などを使用してホストの動作状態（改ざんなど）を検査する。

侵入防御システム（IPS：Intrusion Prevention System）

IPSには、次の2種があります。

・**プロミスキャスモード**：自分宛でないパケットも破棄しないで無差別に取り込むモードであり、防御レベルはNIDSと同等となる。

・**インラインモード**：WEBサーバとインターネット間に接続してアクセスを検査。攻撃や不正アクセスを検知すると、接続を遮断する（図5-5-4）。

図5-5-3　不正検出と異常検出

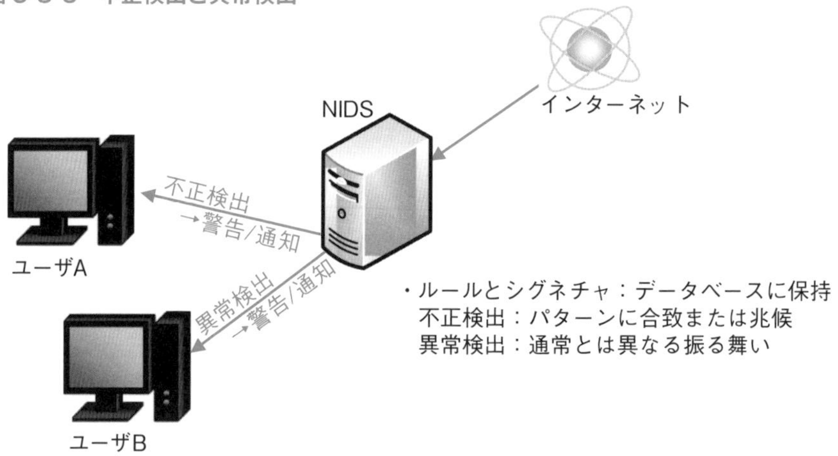

図5-5-4　IDSとIPSの機能

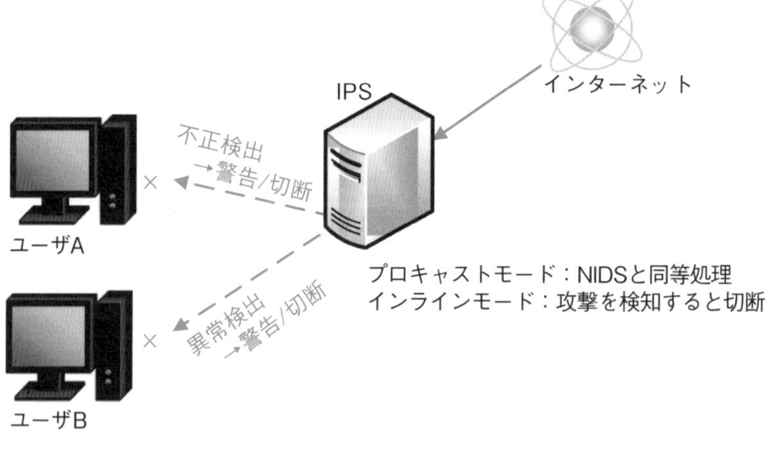

5-6 改ざん防止

外部からイントラネットへの接続や、LAN同士のインターネットや公衆網経由でWAN接続する場合、情報セキュリティのリスクが発生するため、既存のネットワーク上に仮想ネットワークを構築するVPN（Virtual Private Network）の技術を利用します。IP-VPN、IPsec-VPN、SSL-VPN方式がありますが、ここでは、VPNに使用されるプロトコルを説明します。

● IPsec（Security Architecture for Internet Protocol）

IPsecは、IPパケット単位で暗号化や認証及び受信パケットの改ざん検出を行うプロトコルで、暗号化通信における標準機能を保持しています。IPsecを構成するプロトコルには、次の3つがあります。

・**AH（Authentication Header）**：認証情報の付加により、データ改ざんを検出する。
・**ESP（Encapsulated Security Patrol）**：送信データを暗号化することで、情報の秘匿性を向上させる。
・**IKE（Internet Key Exchange）**：暗号製品間にて暗号のデータ通信する際、秘密鍵情報の交換を行う。

IPsecは、パケットをインターネット層でカプセル化し、データの暗号化処理を行って伝送しています。暗号化は、各VPNゲートウェイ装置を使用しています（図5-6-1）。IPsec-VPN方式は、インターネット上で仮想的な専用回線のトンネルを構築します。使用する転送モードは、2種があります。

・**トランスポート・モード**：端末同士の1対1の接続にて、パケットのデータ部のみ暗号化した後、IPヘッダを付加して伝送する。
・**トンネルモード**：IPヘッダも含めてパケット全体を暗号化した後、別のIPヘッダを付加させて伝送する（図5-6-2）。

トランスポートとトンネルモードの違いを図 5-6-3 に示します。

図 5-6-1　トランスポートモードの伝送

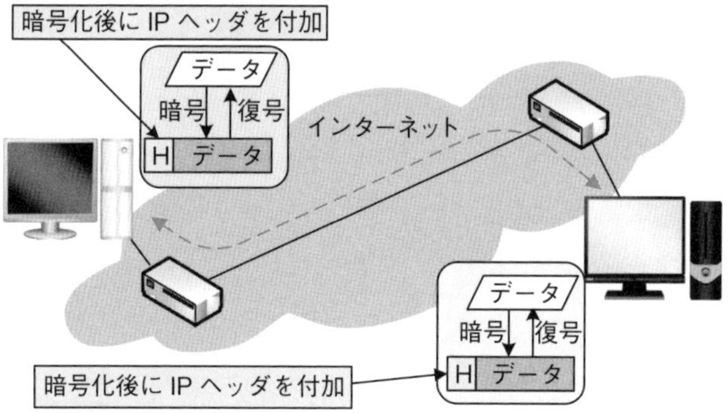

図 5-6-2　トンネル・モードの伝送

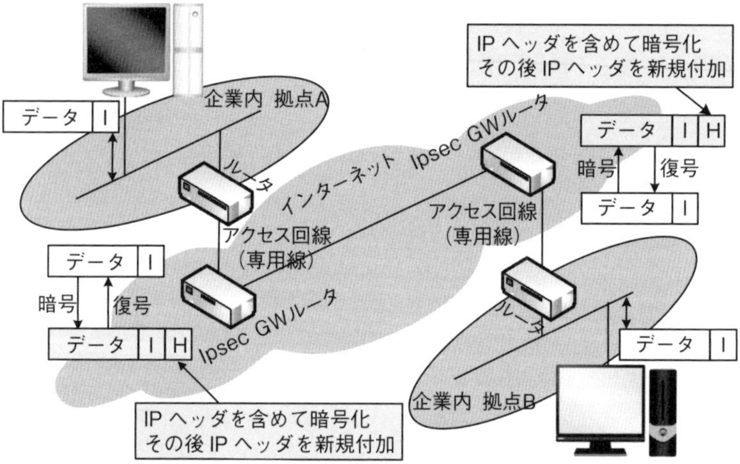

図 5-6-3　IPsec で暗号化された IP パケット（esp による）

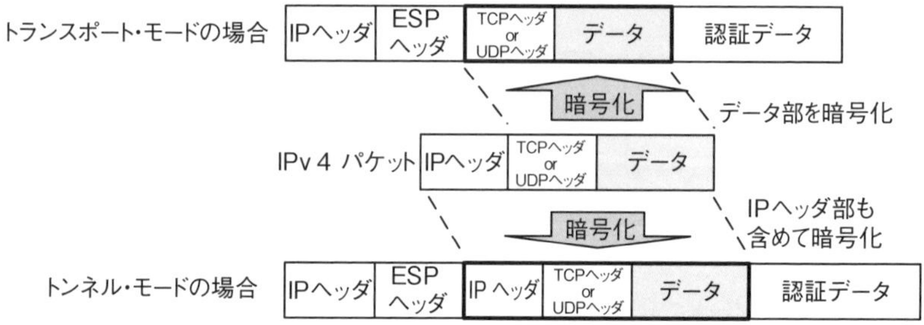

5-7 電源対策

電気通信設備は、データ通信網を構成する重要なインフラとなっており、設備への電力供給は絶対に欠くことができない条件になっています。したがって、通信設備用の電源設備については、要求される仕様を満足させながら、高信頼性が必要とされています。

●通信用電源設備の要求条件

通信用電源設備には、次の4つの具備条件が要求事項としてあります。

・**所要規格電力の必要量の供給**：通信用電源機器は、各種通信用機器の稼動が、高安定で高品質を発揮できるようにするため、電圧制御、電流容量、雑音などに関する詳細仕様を規定している。

・**高安定、高信頼**：通信用電源機器での故障は、システム全体の通信サービスの機能が停止してしまう危険性がある。よって、公共性の高電気通信サービスシステムでは、構成部品に至るすべてに高信頼性を確保するよう冗長設計や予備の設定などの考慮が必須とされる。

・**保守性**：電源設備は、多くの装置で構成されているため、保守には幅広い技術知識と短時間で作業完了ができる高い保守性が要求されている。

・**経済性**：設備維持や運用費用のみでなく、設備建設時の初期投資も考慮が必要になる。また、設備の効率化と将来の拡張を見据えた場合、設備の拡張性や増設性も考慮すべき事項になる。

上記の要求条件から、電気通信システムの設備構成を図5-7-1に示します。また、通信用電源設備の電源ブロック図を図5-7-2に示します。

図 5-7-1　電気通信システムの設備構成

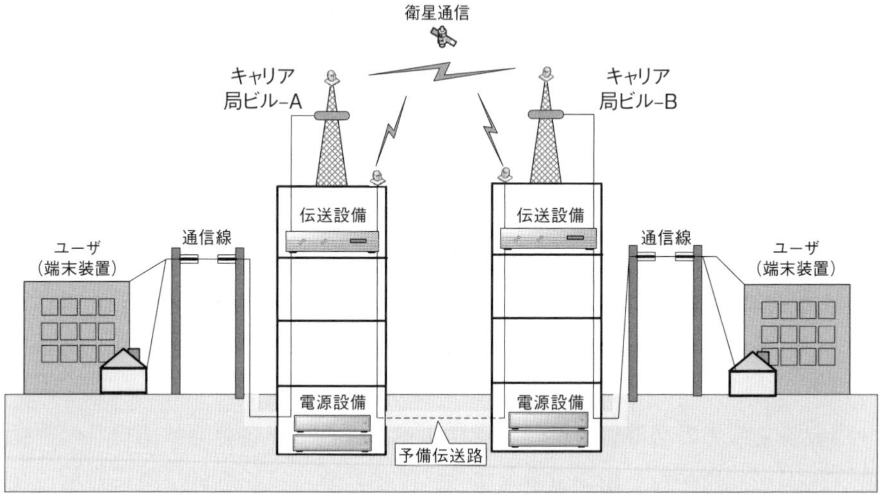

図 5-7-2　通信用電源設備の電源ブロック図

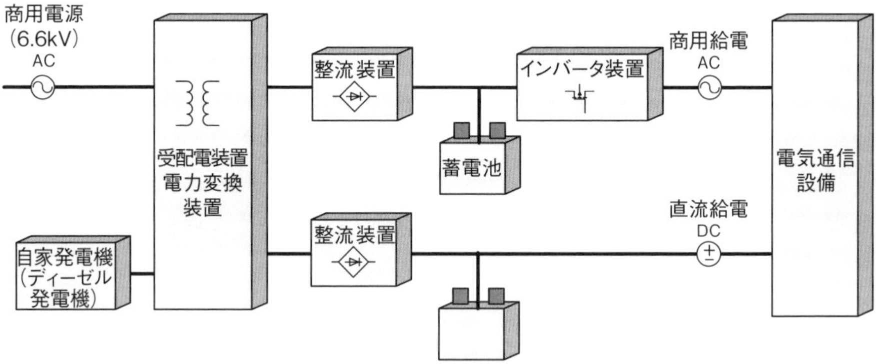

第6章

EMC（電磁障害）対策

スマートフォンやＰＣなどのデジタル機器では、回路動作により電磁波が発生し、他の機器の動作に影響を与えることがあります。携帯電話の初期の頃は、医療機器などで動作異常となることから、病院では携帯電話の使用が制限されていた時期があります。この電磁波の内容と対策に関して、技術の扉を開けてみましょう。

6-1 電磁ノイズとは

電磁ノイズは、電界と磁界の相互作用により発生するノイズです。電界により誘導される電圧ノイズは、単位時間当たりの電圧の変化量に比例して大きくなります。また、磁界より誘導される電流ノイズは、単位時間あたりの電流の変化量に比例して大きくなります。電磁ノイズは、この電圧ノイズと電流ノイズの双方のノイズを指します。

ノイズは、動作している回路で必要とされる信号以外は、すべてノイズという定義になります。したがって、ノイズは、電子機器で種類にかかわらずに発生しています。しかし、そのノイズ量は、正常動作している回路や機器に影響しないレベルにすることが必要になってきます。

電磁ノイズは､発生する装置（機器）はそれほど多くありませんでしたが、機器の動作がデジタル化され、高速化、低電圧していくことで影響が大きくなってきています。

●電磁ノイズの発生場所

電磁ノイズの発生は、大きく次の3つあります。

1) 装置（機器）内の回路動作において、デジタル信号およびDC-DCコンバーまたは、PWM回路など発生する電磁ノイズがある。
2) プリント基板上でのロジック回路にて、クロック信号や繰り返し周期で発生する高速動作の信号にて電磁ノイズが発生する。
3) 装置の電源においてACをDCに変換する際、電源回路内の半導体素子による高周波のスイッチングにより電磁ノイズが発生する。

図6-1-1と図6-1-2に信号波形、図6-1-3に装置ブロック図を示します。電磁ノイズ、デジタル信号のように電圧または電流の急激変化に伴い大きくなります。また、デジタル回路は、電子機器の性能向上にて動作周波数が向上します。この動作周波数の向上が電磁ノイズを大きくしています。デジタル

回路で動作する電子機器（携帯電話、ノートPCなど）は、年々高性能・小型化となっているため、単位体積での電磁ノイズが比較的大きく発生しやすくなっています。

図6-1-1　デジタル波形

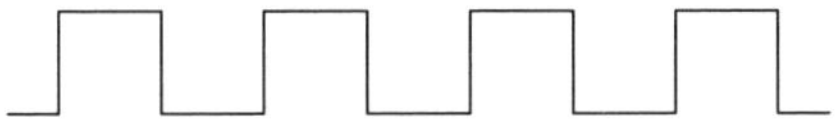

図6-1-2　高周波のノイズを含んだ波形

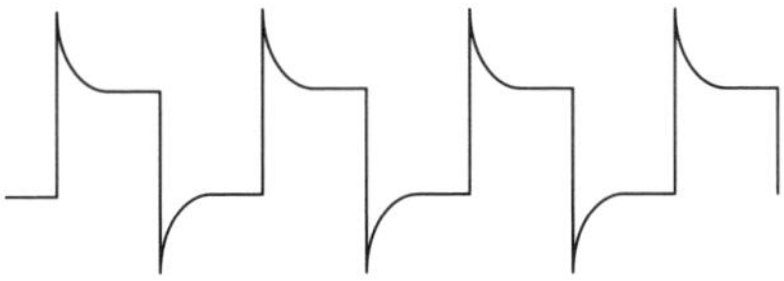

図6-1-3　装置の電磁ノイズ発生部分

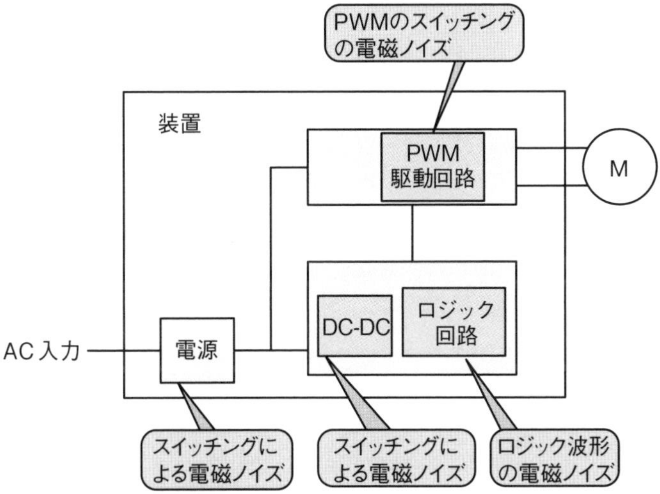

●電磁ノイズが発生する仕組み

電磁ノイズが発生する仕組みについて、プリント基板上のデジタル回路の動作を通じてその内容を確認します。回路規模を絞って、3個の論理ICを用いた簡単な回路を構成します。ここで論理IC間を信号線で接続したとき、その信号線電位が変化する際の論理ICの動作を見てみます（図6-1-4）。この回路において、動作時に流れる電流ループを図6-1-5に示します。まず、

IC-A より IC-B へ、Low/Hi で構成されるデジタル信号を送信します。まず、IC-A の出力素子（トランジタまたは FET）による電源との ON 動作にて出力レベルが ”H” となり、信号出力が行われます。この IC-A の出力 ”H” への切り替わりにより、受信側 IC-B の入力端子の電圧レベルが ”H” となり、入力容量への充電が行われます。

この充電により電圧レベルが上昇し、IC-B へ ”H” の信号が伝達されます。IC-B は LS04 なので、出力レベルは反転して ”L” になります。受信側の IC-C の入力端子は ”L” となり、入力容量から放電が行われます。このように信号の伝達には、信号レベルの切り替わりで入力容量による充放電が発生します（図 6-1-6）。

信号レベルが切り替わる速度は、IC-A の出力抵抗と IC-B の入力容量で決定されます。

2 つの IC 間で流れる電流は、図 6-1-5 の充電電流ループと放電電流ループのように流れます。この時の電流波形は、入力容量の充電・放電になりますので、図 6-1-6（2）のようにスパイク状の電流が発生します。

このスパイク状の波形は、高調波などのノイズ成分を含んでいますので、配線パターンがアンテナとなって電磁波として放射し、他の回路またはプリント基板外へのノイズ原因となります。このような電流の急激な変化は、回路内の寄生インダクタンスにより誘導電圧を発生させ、この電圧もノイズ要因となります。電磁ノイズは、このように信号切り替える能動素子の動作に伴い発生し、動作時間が短く電流が大きいほど大きくなります。

図 6-1-4　論理回路の例

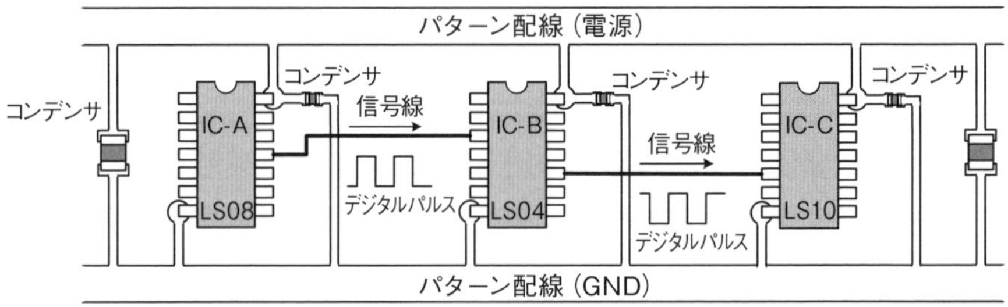

図 6-1-5　論理回路の動作

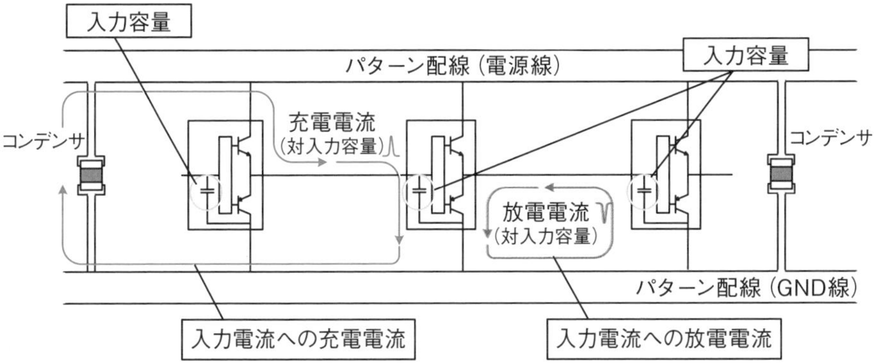

図 6-1-6　動作時の信号波形

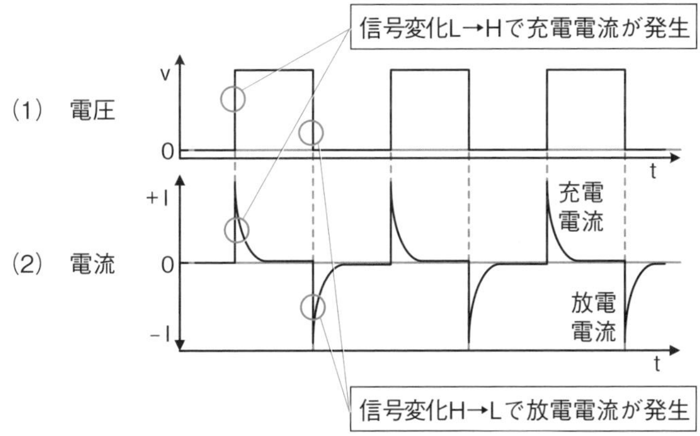

6-2 ノイズによる誤動作・故障

●ノイズによる誤動作

使用しているモバイル機器などの電子機器に外部から強力な電磁波が加わると、回路に不要な電流が誘導されて誤動作を引き起こします。これは、電子機器内部のデジタル信号処理において、本来の信号とは異なる電流の誘導によって発生したノイズが影響して、意図しない動作を引き起こし、本来の動作を妨げる場合があるためです。

図 6-2-1　電子機器による電磁ノイズ障害

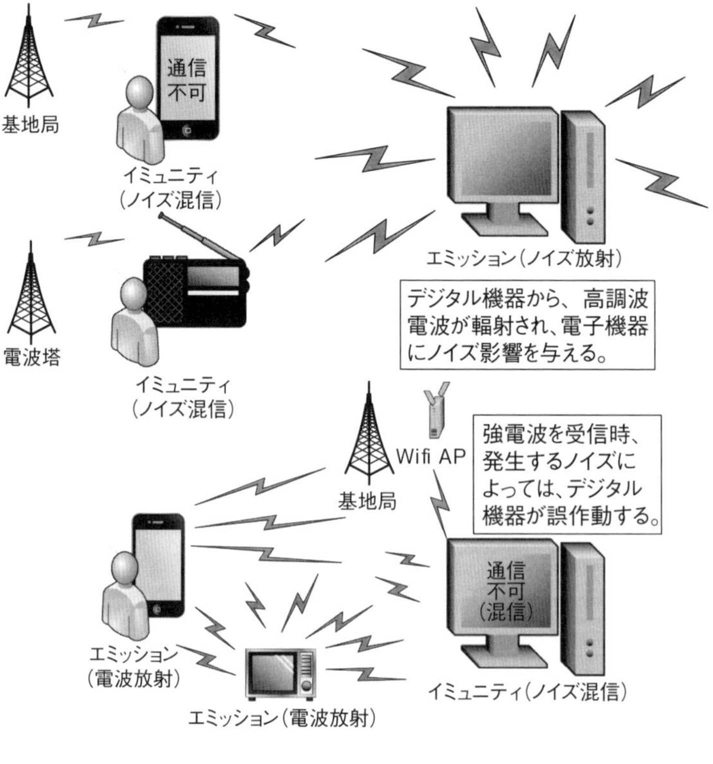

また、外部から加わるエネルギーが強力なときは、電子機器が破壊されることもあります。車のカーステレオで音楽を再生中に、CB 無線を使用したトラックが走行してきたとき、カーステレオからは、CB 無線の大きな音声交信が入ってくることもあります。これは、外部からの電波によるシステムの誤動作といえます。また、エネルギーが強力なときは、電子機器が破壊されることもあります。

このような外部の電磁波による障害を**電磁ノイズ障害**と呼び、障害を与える電磁波を**電磁ノイズ**（以下ノイズ）と呼びます（図 6-2-1）。

電子レンジによる通信障害

ノート PC や PAD などで、無線 LAN を使用するほうが多くなっていると思います。

さて、この無線 LAN ですが、使用する周波数は 2.45 GHz と 5.8 GHz です。電波の周波数は、総務省で周波数を割り当ていますので、必ず申請と許可が必要になります。しかし、無線 LAN が使用している周波数は、**ISM**（Industry Science and Medical）**バンド**と呼び、電気通信以外の工業・科学・医療の分野で使用できるようにしています。よって、この周波数帯では周波数の専用利用はなく、申請した機器で使用できます。この ISM バンドを使用している無線 LAN ですが、同じ周波数を使用している一般家庭でお馴染みの調理用機器があります。それは、電子レンジです。

電子レンジは、2.45 GHz の周波数を使用しており、無線 LAN（IEEE 802.11 b/g/n）と同じ周波数となっています。このため、無線 LAN のルータなどは、電子レンジから離さないと通信が不安定になります。これ自体が電磁ノイズによる通信障害になります。電子レンジは 1 KW 程度の出力があるので、微弱な無線 LAN にとって、大敵になります。

現在、その電子レンジの調理用の電波が外部への漏れを低減させるために、扉のガラスにパンチングメタルがはめ込んであります。電波は便利ですが、出力が高いと危険になります。覚えておきましょう。

●電子機器のイントラシステムEMC

電子機器に外部からノイズが加わらなくとも、電磁ノイズ障害が発生する場合があります。電子機器内の一部の回路が発生するノイズが元で、他の部分の回路が障害を受けるもので、**イントラシステムEMC**と呼ばれています（図6-2-2）。

例えば、携帯電話にデジタル回路を内蔵する場合では、図6-2-2のようにデジタル回路のノイズが携帯電話の受信性能を劣化させる（受信感度を低下させる）場合があります。このような場合には、一般のノイズ障害に比べてノイズの発生源と被害者の間の距離が極端に小さくなりますので、障害も深刻になります。

このような電磁ノイズは、通常であれば製品の評価の中で問題が発覚し、問題を解決してから製品が市場に出回ることになります。したがって、販売している製品であれば、使用できない状態になるようなイントラシステムEMCは発生しません。ノイズに関しては、企業側でも厳しく評価しています。

図6-2-2　イントラシステムEMC

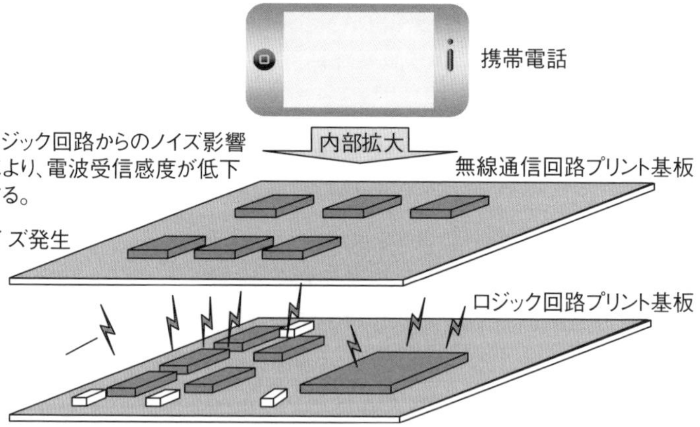

●ノイズによる誤動作・故障

デジタル回路では、信号線の0/1を認識するレベルを超えるノイズが重畳した場合、受信するICで信号を誤認識することになります。信号の伝送には、パリティを付加することでデータ破損を認識し、再送信します。しかし、2

か所データが破損してビットが化けていた場合は、検出することができません。その場合は、誤信号で処理されるため、装置が誤動作を引き起こします。

ノイズは、電流と電圧の単位時間あたりの変化量が大きいほど、大きくなります。通常ではノイズが発生した回路と影響を受けた回路とでは、回路上での場所が異なります。また、ノイズ影響が発生しやすいのは、ICの入力側のインピーダンスが高い回路で出やすくなります。

したがって、影響の出やすい回路は、電圧・電流の単位時間あたりの変化量の大きい回路から発生した電磁ノイズと近い距離にある回路、ノイズ成分を含んだ伝送と並行する信号線を使用して信号伝送を受信する回路などが考えられます。図6-2-3に誘導電流によるノイズ影響を受ける状態を示します。

導体Aの流すノイズ電流にて発生した磁界が、導体Bに影響してノイズが伝播します。この伝播するノイズが大きい場合、被誘導側でも大きいノイズが発生します。

図 6-2-3　電流による誘導電流

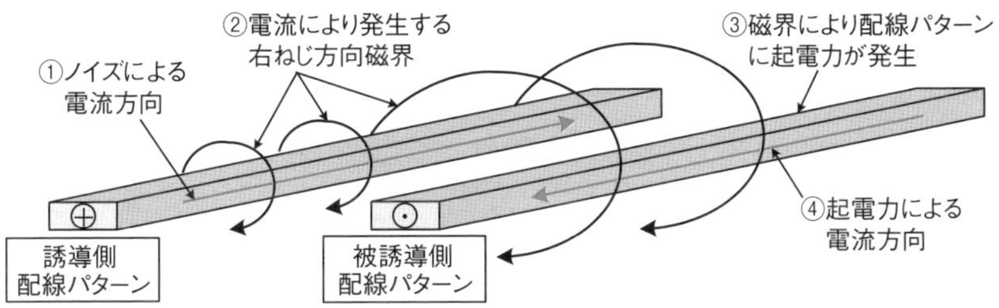

また、使用するICでは、受信信号の最大値が決められています。この最大値以外に**絶対最大定格**が定められています。この絶対最大定格は、「瞬時たりとも超えてはならない限界値」です。この値を超えると、誤動作だけではなく、製品の寿命も保証されないため、最悪は破損に至ります。ノイズは条件によって発生する大きさが変わるので、対ノイズ余裕のある設計が必要です。

6-3 電磁環境両立性（EMC）

●電磁環境両立性の定義（EMC）

EMC（Electromagnetic Compatibility）は、「人工システムが、電磁環境を汚染し他に妨害を与えなるような不要電磁エネルギーを放出することも、また同時に電磁環境の影響を受けることもなく、その性能を十分に発揮できる能力」とIEEEでは説明されています。

簡単に説明すると、電磁エネルギーを出さず、受けても誤動作しないように設計しなければならないとなります。EMCは、エミッション（EMI）とイミュニティ（EMS）に分けることができます（図6-3-1）。

●EMCの必要性

EMCが不十分である場合、電子機器の動作に何らかの不具合が生じる可能性があります。多くは、ラジオ番組を聞いているときにPCなどの電子機器を使用するとノイズ混入する経験があったと思います。

・ラジオでFM放送を聞いているとき、PCの電源投入と同時に雑音が入り、聞き取りづらくなった（図6-3-2）。
・テレビを見ているとき、同じ部屋内で電子レンジを使用したら、テレビの映像に縞模様が表れて見えにくくなった（図6-3-3）。

これらは家庭内での受信障害の事例で、電子機器が普及し始めた1960～1980年代に発生した事象です。PCが動作しているときに発生する電磁波や伝導ノイズが空間や屋内配線を通じて受信機やテレビに影響するため、音声に雑音が重畳し、画面に縞模様が発生していました。このような受信障害がEMC規制を始める契機となり、世界各国でEMCの規制が適用されるようになりました。

図 6-3-1　EMC の定義

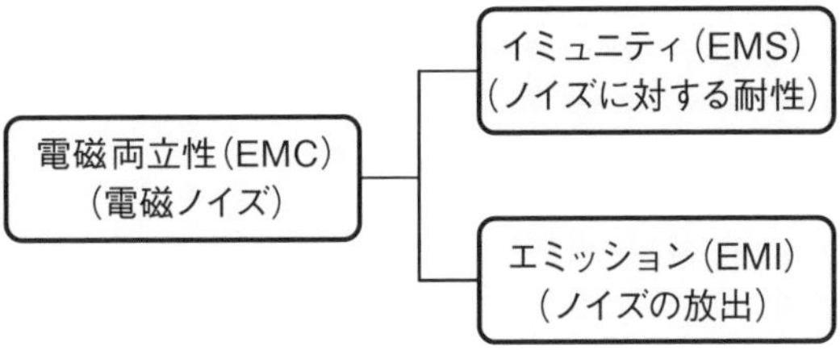

EMC は、EMS と EMI に分類される。

図 6-3-2　電磁波によるラジオへの影響

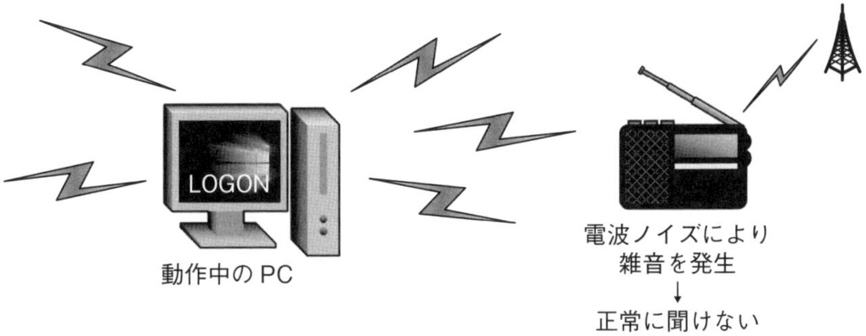

図 6-3-3　電磁波によるテレビへの影響

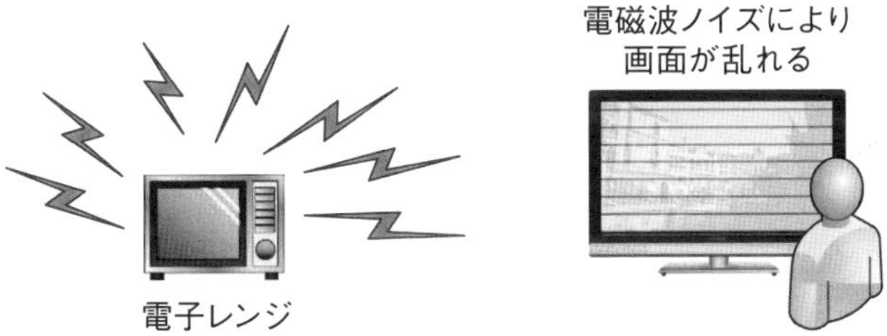

● EMC

現在、さまざまな用途に利用されている電磁波ですが、ノイズの発生源となったPCなどは、電磁波を出す目的ではなく動作にて漏れたものです。このように一般電子機器の場合、電磁波を利用しない本来の動作を行う場合も、不要な電磁波を出すことがあることを覚えておく必要があります。

また、PC は本来の動作を行うだけで副次的に不要な電磁波（ノイズ）を発生します。その電磁波ノイズは、空間や通信線または電源線を通じて受信機であるラジオに入ります。ラジオは、PC から発した電磁波ノイズまたは電源線からの伝導ノイズを拾うことで、受信放送の音声にノイズが入ります（図6-3-4）。このように電子機器であるPCがラジオに与えている電磁波の影響を**電磁波妨害**（**EMI**：Electromagnetic Interference）と呼びます（図6-3-5）。

電子機器は他の電子機器に影響を与えるだけではなく、影響を受ける可能性あります。妨害源であったPCも、今度は他の電子機器から妨害を受ける側の電子機器になります。そのため、電子機器が外部からの電磁ノイズにどの程度影響されやすいかが重要になってきます。この影響の受けやすさを定義したものが**電磁感受性**（**EMS**：Electromagnetic Susceptibility）と呼ばれるものです（図6-3-6）。

EMCに関する電磁波問題は、電子機器がノイズ源となって他の電子機器に影響を与える可能性と、周囲の電子機器から受けるノイズ影響あります。したがって、製品設計の際には、EMIおよびEMSの双方を対策することを念頭に置きながら設計を行うことが求められます。電子製品の外部へのノイズの漏れを低減させること（EMI）、外部からの一定以内のレベルの電磁波ノイズでは電子機器の動作に影響を発生させない電磁波耐性（EMS）を持たせることを両立させること（電磁環境両立性）が必要となっています（図6-3-7）。

図6-3-4　EMC

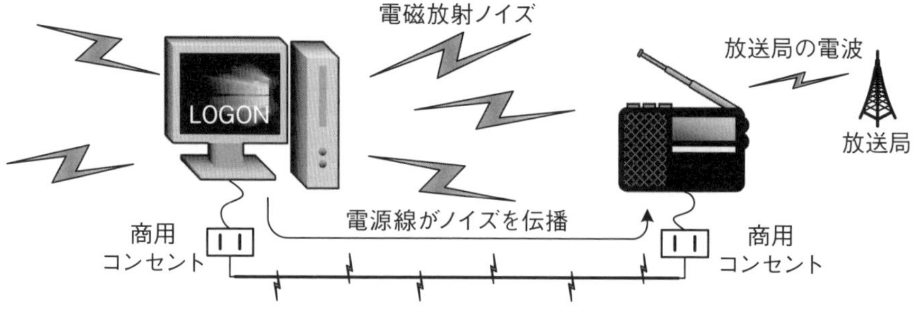

図 6-3-5　電磁波妨害（EMI）

図 6-3-6　電磁感受性（EMS）

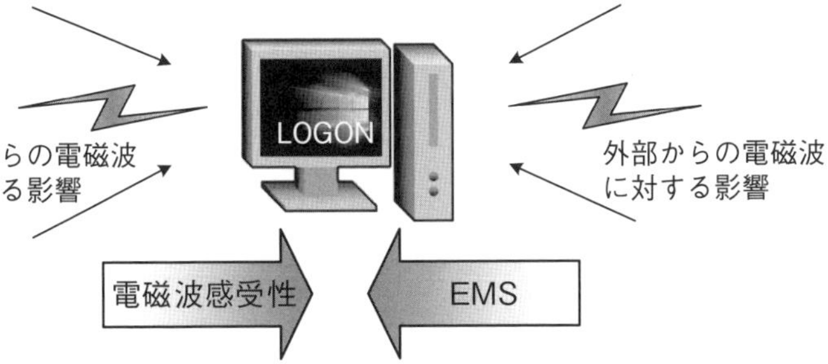

図 6-3-7　電磁環境両立性

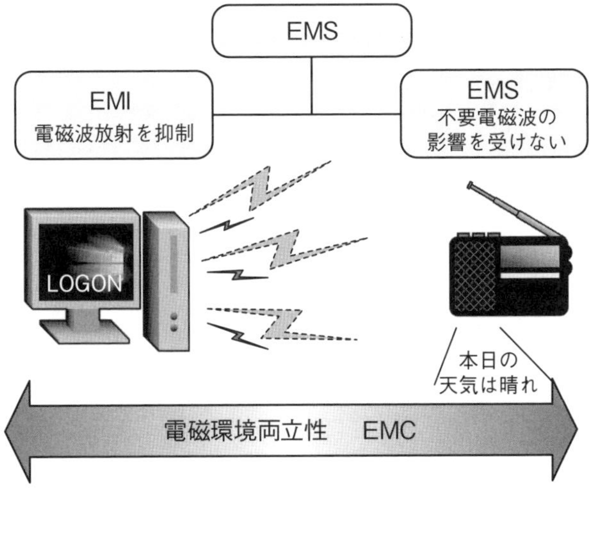

6-4 EMI（エミッション）対策

装置から放射される電磁波ノイズは、電源のインバータや回路クロック信号などの能動素子が高速で動作する際の高周波電流が、基板パターンやケーブルなどの導体が放射アンテナとなって発生します。また、電磁波ノイズを受けるときも、パターン配線やケーブルなどの導体の線長が、発生した電磁波ノイズのノイズ波長の半分になると、アンテナとなって影響が大きくなります。この電磁波ノイズのひとつの形態であるノーマルモード放射について、内容を見てみます。

●ノーマルモード放射とその対策

プリント基板におけるノーマルモードノイズとなる放射は、回路の信号ラインと能動素子（IC/LSIなど）で構成される信号線の電流ループと能動素子の供給電圧安定化として搭載されているバイパスコンデンサ間で構成される電流ループの２つのループがあります（図6-4-1）。高周波信号であるクロック信号による電流ループは、発生する電磁波が大きいため放射が強くなります。さらに、オーバーシュートやアンダーシュートなどの波形に高調波成分がある場合、その部分での放射ノイズも発生することになります。

電磁波ノイズによる電界強度は、無線通信用のアンテナと見ることができますので、次の関係式で表すことができます。

電界強度∝周波数×ループ面積×電流

（∝：比例）

したがって、ノーマルモードによる電磁波ノイズの放射を低減するには、調整が可能であるループ面積を小さくすることが対策になります。

実際にループ面積を小さくするため、次の２つの対応を行います。

・プリント基板にて信号線層をグランド層の上に配置する。
・能動素子の電源とグランド間にコンデンサを直近距離で実装する。

いずれの対策も電流ループを小さくし、放射電界強度を低下させます（図6-4-2 参照）。

図 6-4-1　ノーマルモード放射源

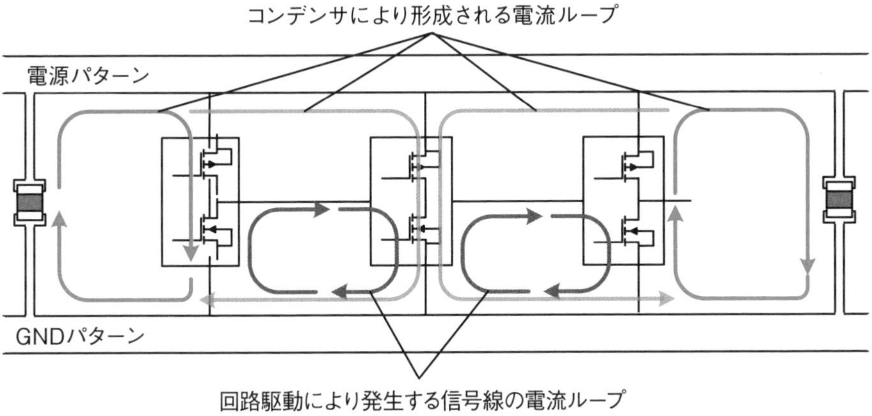

図 6-4-2　ノーマルモード放射の対策

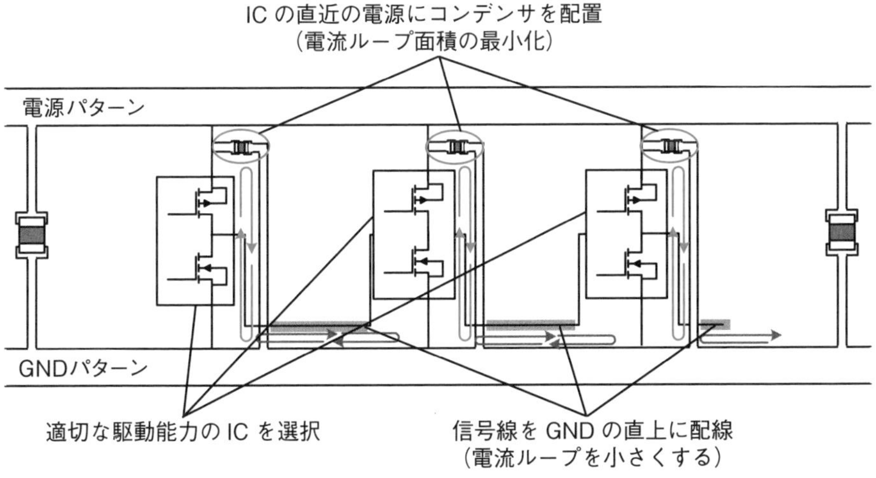

6-5 イミュニティ対策

イミニティ対策は、基本的に外部から電磁波ノイズが混入しても動作に影響しない設計にすることで対策できます。以下に基本的な内容を示します。

●信号ラインとリターンの接近

プリント基板のパターン配線および部品実装位置を次の内容で設計します。

1)部品の信号ラインを極力短く配線する。
2)GND パターンの面積を広くする。
3)信号ラインと GND ラインを近く配置して配線を引く。

こうすることで、電界波および磁界波に対して発生する電圧レベルが最小となり、耐イミュニティ性能を向上させることができます。これは、信号ラインと GND ラインのみならず、電源ラインと GND、ケーブルの信号ラインと GND にもすべて共通の効果があります。

ただし、信号回路によっては、容量が大きくなると問題のある回路（信号伝送路上でインピダンス整合している線路、容量性雑音に影響されやすい回路など）では、注意が必要になります（図 6-5-1）。

●差動伝送の適用と差動間のバランス

回路の信号伝送を以下の内容に変更して、耐ノイズ設計を行います。

1)信号線路を差動伝送路に変更する。
2)差動信号ラインのパターンのインピーダンスを等しくする。

こうすることで、図 6-5-2 のようにコモンモードノイズ電流を等しく信号線に配分します。これにより、正信号ラインと負信号ラインとで、等しいコモンモード電流が流れて、受信側ICの差動入力端子にて同相信号（コモンモードノイズ成分）が打ち消し合うことで、ノイズが除去できます。

すべての回路は、GNDまたはある基準に対して入力した信号のレベル差を演算、増幅、処理していますので、2つの入力端子に印加されるレベルが等しければその差は出力に現れないことになります。

図 6-5-1　信号ラインと GND、電源ライン

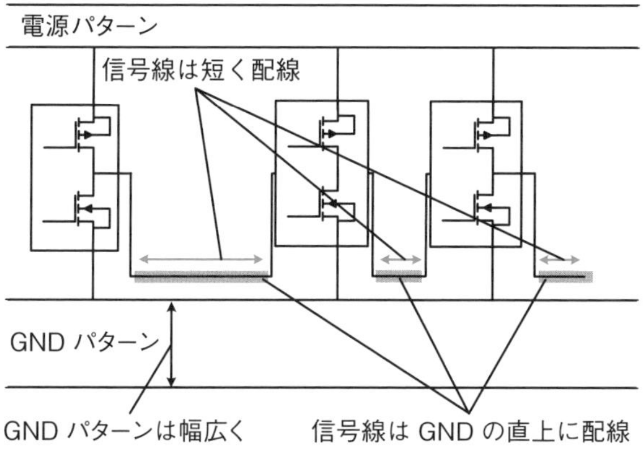

図 6-5-2　正信号ライン と負信号ラインのインピダンスをそろえる

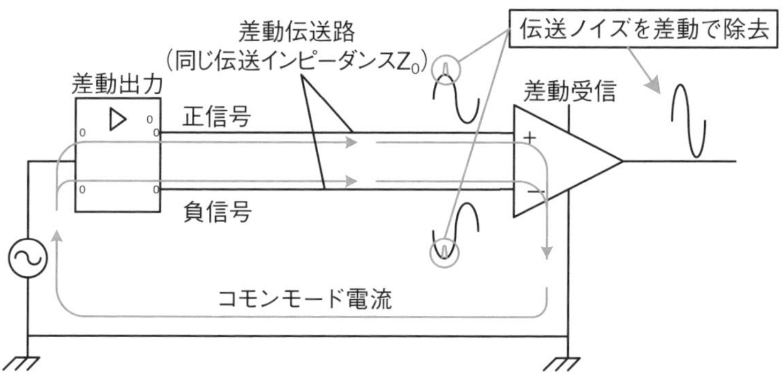

6-6 電磁感受性（EMS：Electro-magnetic Susceptibility）

EMCでは、EMSを**イミュニティ**（immunity）または**電磁感受性**と呼び、外部からの電磁波の放射ノイズに対し、どの程度許容できるかの耐性を示します。EMS値の高い機器は他のノイズの影響を受けやすく、低い機器は他のノイズ影響を受けにくいと判断されます。

現時点ではEMSは、イミュニティ試験によってその耐性を確認しています。イミュニティの試験方法は複数ありますが、ここでは代表的なものを取り上げ、イミュニティがどのような内容かを理解していきましょう。

●無線周波電磁界

本試験は、アンテナから電磁波を放射して、被試験装置（EUT）の電磁波の耐性を確認する試験です。これは無線機器（携帯電話、アマニュア無線、無線LANなど）からの送信の電磁波を想定した試験になります。図6-6-1に示す配置で測定します。なお、測定は、電波暗室で行います。

●伝導性高周波妨害

本試験では、100 MHz程度以下の低周波電磁波を、電源ケーブルや信号線路へ直接印加して、装置の動作確認を行います。図6-6-2に示すようにグランドプレーン上の配置で試験を行います。ケーブルへの妨害注入は、抵抗を経由した電流の直接注入、CDN結合、電流クランプおよび電磁クランプなどの方法を用います。

●電磁的ファーストトランジェントバースト

本試験は、数nSの非常に速い信号パルス（バースト）を電源ラインに印加させて、装置の動作状態を確認します。この試験は、電源ラインに接続された誘導負荷の電流を切断したとき、電圧の過渡現象のように断続的な放電が発生します。電源線経由でこの伝導ノイズが装置に混入したときの耐性を本試験で確認します。印加波形を図6-6-3に示します。

図 6-6-1　無線周波電磁界によるイミュニティ測定の配置

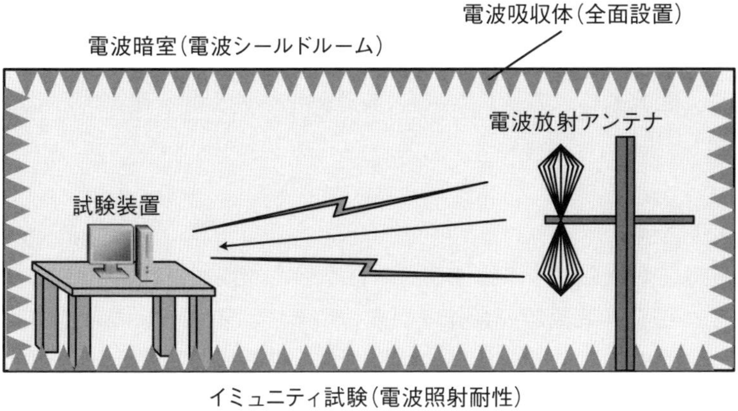

図 6-6-2　伝導性高周波妨害イミュニティ測定の配置

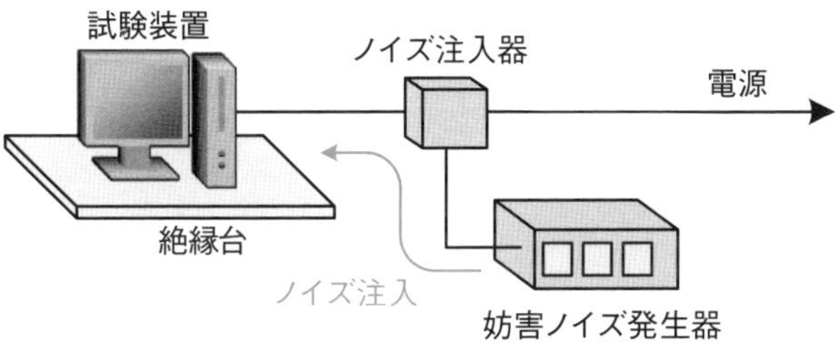

図 6-6-3　ファーストトランジェントバーストの波形

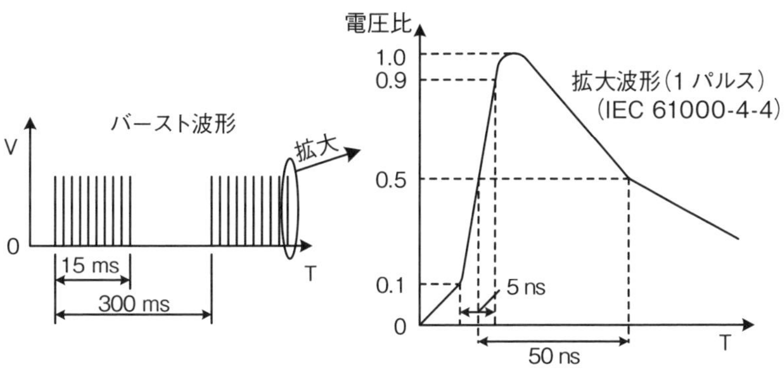

●サージ

本試験は、数 kV の高電圧や電流のサージ波形を電源線や通信線に印加して、装置の動作確認をします。このサージは、落雷の誘導電磁界による過電圧や過電流が装置に入力された場合、装置動作への影響を確認する試験です。波形を図 6-6-4 に示します。

●静電気放電

本試験は、装置のパネル操作などを行う際、人体と装置間での静電気放電が発生した場合、装置側の動作確認を行います。帯電による静電気電圧は、乾燥環境においては数千ボルトになります。静電気による放電は、電流が少ないので電気エネルギーとしては小さくなります。しかし、デジタル回路を構成しているロジック IC などは動作電圧が数Vなので、静電気放電による動作影響または破損を受けやすい状況になっています。放電試験には、接触放電、気中放電および間接放電の印加方法があります（図 6-6-5）。

●電圧ディップ・瞬断停電

本試験は、短時間での電圧低下または**瞬時停電**（**瞬停**）状態を動作装置に与えてその動作を確認します。装置への供給電源の電圧変動や瞬時供給停止が発生すると、機器が誤動作することがあります。各試験の電圧波形を図 6-6-5 に示します。

EMC 規格を満足した装置であっても、異分類の装置との接続によるシステム構成の場合、ノイズ干渉が発生することがあります。したがって、規格を満足している状態は最低限の条件クリアと考えられ、機器の組み合わせで発生するノイズ干渉の問題については、個別での対応が必要になります。

図 6-6-4　サージ波形

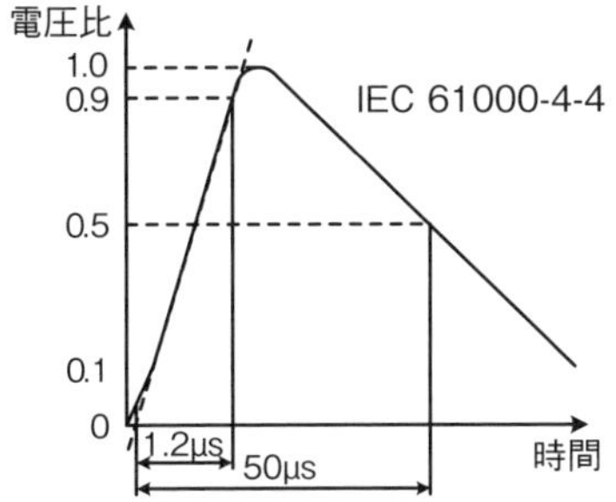

電圧サージ(開放回路電圧波形)

図 6-6-5　静電気放電波形

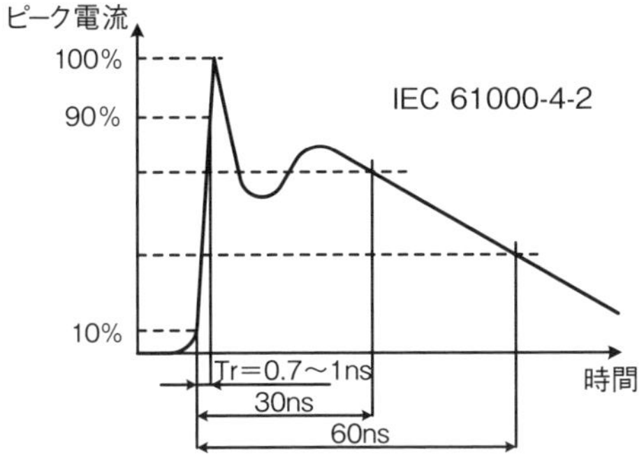

放電電流波形および波形の特性

図 6-6-6　正弦波交流波形の変動

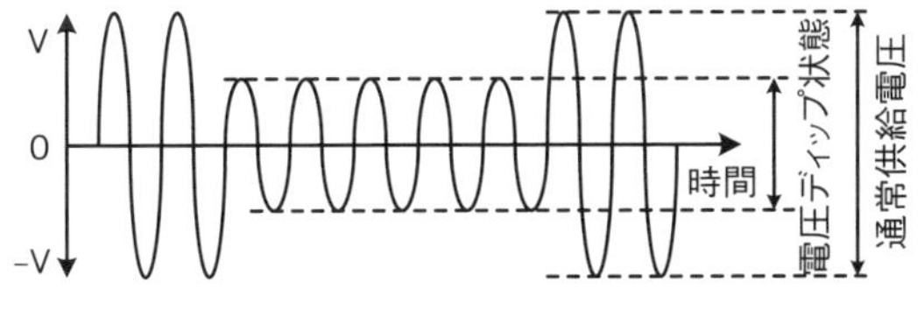

電圧ディップ波形

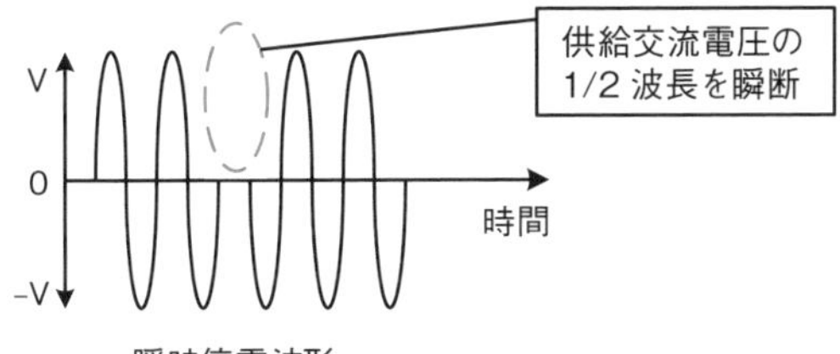

瞬時停電波形

6-7 フレームグランド（大地アース）

電気信号の基準電位は0Ｖで設定しますが、この0Ｖ電位を共通で使用する場合、**グランド**と呼び、大きく3種類に分けられます。

・**シグナルグランド**：プリント基板上に構成する回路（アナログ／デジタル）の共通の基準電位となる0Ｖを**シグナルグランド**と呼ぶ（図6-7-1）。
・**シャーシグランド（筐体接地）**：プリント基板を装置内に実装した際、回路のシグナルグランド電位を装置筐体のシャーシと同電位（0Ｖ）にする。これを**シャーシグランド**と呼ぶ（図6-7-2）。
・**フレームグランド（大地接地）**：装置は筐体の電位を0Ｖに固定するため、大地への接地が必要になる。この大地への設置を**フレームグランド**と呼ぶ。

フレームグランドを取ることで金属筐体の電磁シールドを構成し、内部および外部からの電磁波ノイズに対して耐性の高い装置となります。装置間のフレームグランドの取り方について、次項に示します。

●等電位化

同一建物内において複数の装置を設置して、装置間で信号通信を行っている場合、装置間のシーシャシグランドを電位差の発生しない接地にする必要があります。理由は次のとおりです。

・装置間に電位差がある場合、装置間を接続する通信ケーブルの両端のGND端子側で装置の電位差が発生し、電流が流れてノイズの原因になる。
・落雷にて発生する雷電流により装置間で大きな電位差が発生し、場合によっては装置のケーブルインターフェイス部が破損に至る。

本問題を解決するには、図6-7-3に示すように**等電位ボンディング**を行います。

図 6-7-1　プリント基板内でのグランド

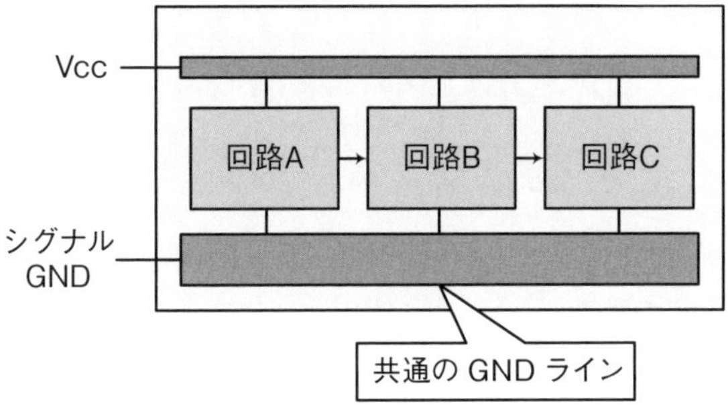

図 6-7-2　装置内でのシャーシグランド

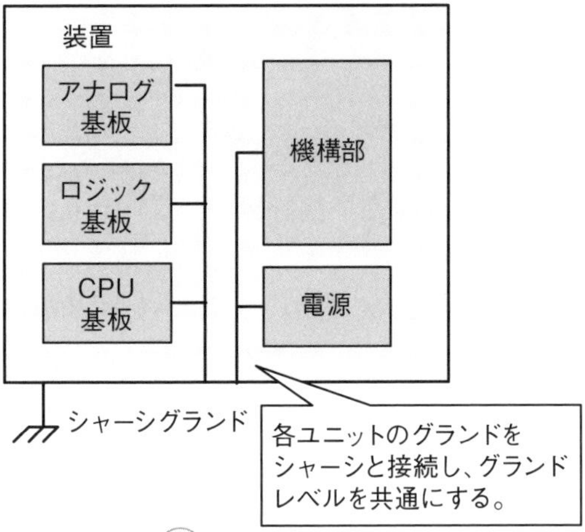

図 6-7-3　装置（電子機器）間の等電位ボンディング

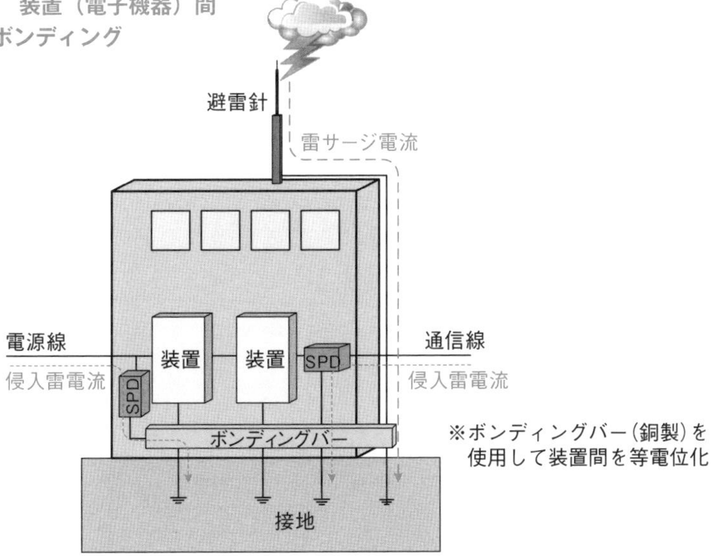

6-8 フィルタリング

フィルタリングとは、必要とする信号以外のノイズの除去（低減）させる手法のことです。フィルタに使用する部品は、コイル、コンデンサー、フェライトコアなどが用いられます。フェライトコアは、電源線や信号線の高周波ノイズを除去するのによく使用されています。ここでは、端末設備でのノイズのフィルタリングについて、以下に対策を示します。

●コモンモードチョークコイルによるノイズ対策

設備端末は、一般的な電子機器製品とは異なり、加入者線のノイズ影響を対策することが必要になります。外部に接続するL1、L2の2本の加入者線と大地アース（フレームグランド）間は、電磁誘導にて縦電圧のV1、V2の電位が生じます（図6-8-1）。このV1、V2に急激に大電圧が発生すると、設備端末は故障などが発生する場合があります。

また、加入者線の電位のバランス（平衡度）が崩れるとV1とV2に電位差が生じて、端末装置側でノイズとして出力されます。

このように設備端末に接続する信号ラインや電源ラインには、ノイズ対策が必要となっています。一般的にコモンモードチョークコイルによる対策が行われます。コモンモードチョークコイルを図6-8-2にその動作を以下に示します。

・**縦電圧 / 電流**：縦電圧によって流れる縦電流のコモンモードノイズに対しては、磁束が同方向となるため、磁束が加重しインピーダンスが高くなる。これにより、ノイズの流入を防ぐことができる。

・**横電圧 / 電流**：加入者線を流れる信号のノーマルモード電流は、磁束が逆方向となるため、磁束を相殺してインピーダンスが低下する。これにより音声伝送または信号伝送時の損失増加を回避する。

図 6-8-1　コモンモードノイズとノーマルモードノイズ

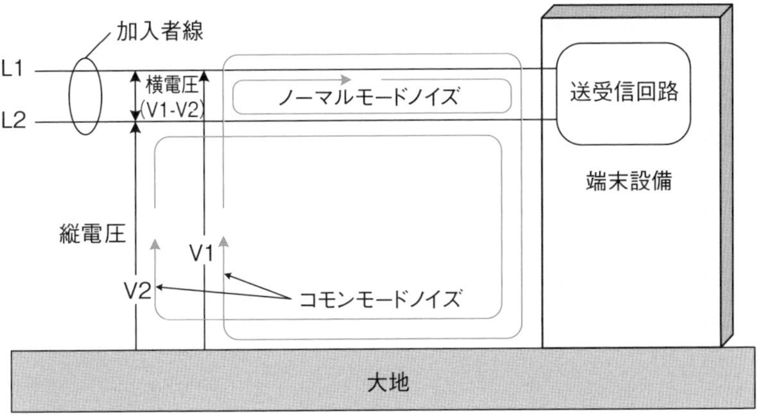

図 6-8-2　コモンモードチョークコイル

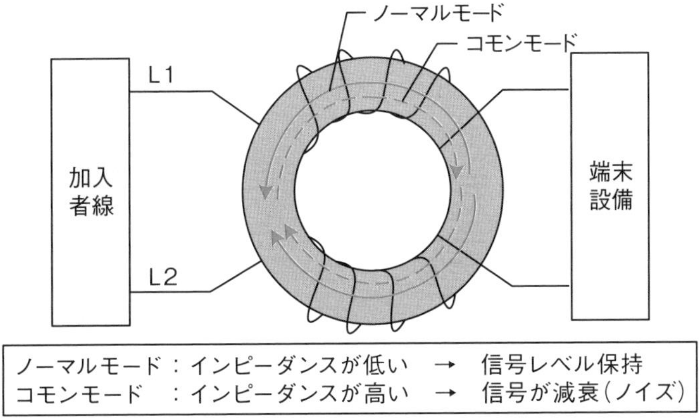

6-9 シールディング

●シールディング材料

シールディングは、次の効果が期待できる金属が使用されます。

・装置内部から外部への電磁波放射を低減さて、他装置への影響を回避。
・外部から装置内部への入射電磁波を遮断して、装置を安定稼動させる。

プリント回路基板やユニットからの電磁波について、図6-9-1（a）に状態を示します。回路基板部品から放射された電磁波のエネルギーは、電界と磁界の大きさに比例し、電界と磁界の大きさと方向から電磁波の進む方向が決まります。図6-9-1（b）では、電磁波のみを示します。発生した電磁波は、金属シールドのA、B、Cの各位置に達すると、金属シールドに衝突して反射します。反射することでシールド外部に漏れる電磁波の量を抑えています。このように金属シールドでは、電磁波を反射させることでシールド性能を保持します。

●電波吸収体によるシールド

電磁波が外部に漏れないようするため、金属シールド以外に電波吸収体を使用することでも実現できます（図6-9-2)。電波吸収体は、金属シールドの反射とは異なり、電磁波を電波吸収体で吸収させます。吸収された電磁波は、吸収体にて熱に変換されて放熱することでシールド効果を保持します。電波吸収体は、電磁波反射があるとシステム不具合が生じる場合に使用されます。

電波吸収体使用例：高速道路のETCシステム、電波暗室（シールドルーム）

以上より、金属と電波吸収体のシールドの違いは次のポイントです。

・金属シールドは、電磁波を反射するシールド。
・電波吸収体は、電磁波を吸収して熱に変換するシールド。

図 6-9-1　金属によるシールドのメカニズム

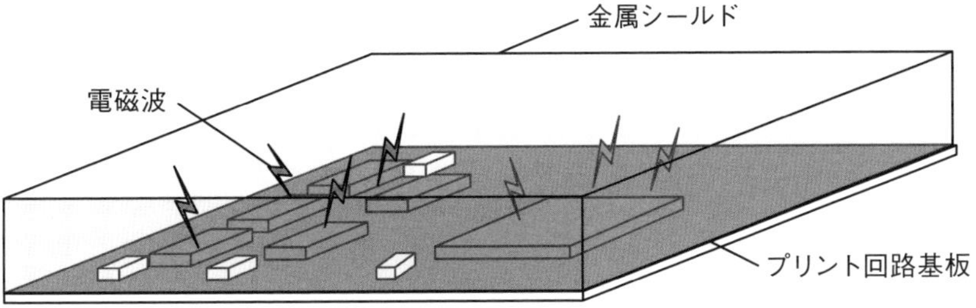

(a)　プリント回路基板のシールド

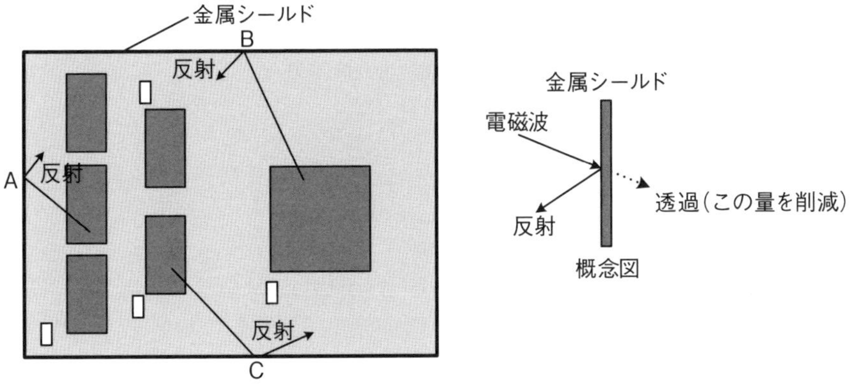

(b)　電磁波を反射

図 6-9-2　電波吸収体による電磁波の吸収

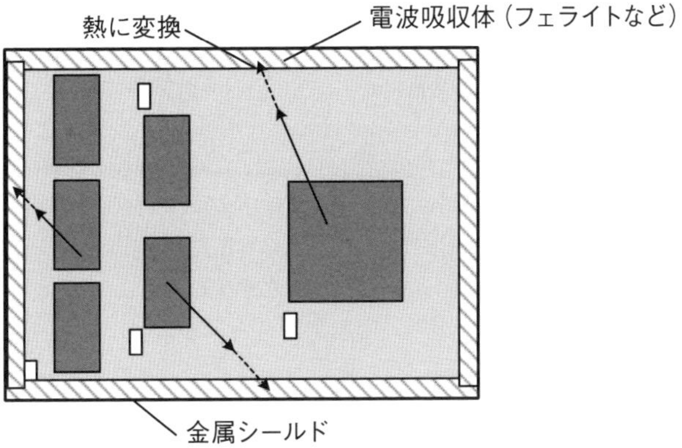

●参考文献

『ネットワークスペシャリスト合格教本』岡嶋裕史（技術評論社）
『電気通信主任技術者 伝送交換設備及び設備管理・法規編』NTT ラーニングシステム（翔泳社）
『電気通信工事担任者 AI･DD 総合種　試験対策』電気通信工事担任者試験対策研究会（オーム社）
『伝送・交換テキスト』電気通信工事担任者試験対策研究会（日本理工出版会）
『電気通信主任技術者試験対策・伝送交換設備及び設備管理』電気通信主任技術者試験研究グループ（日本理工出版会）
『工事担任者 AI・DD 総合種　徹底研究』オーム社（オーム社）
『電気通信主任技術者　電気通信システム』電気通信主任技術者試験研究会（日本理工出版会）
『わかりやすい　通信工学』羽鳥光俊 他（コロナ社）
『光ファイバ通信入門』末松安晴 他（オーム社）
『光通信ネットワーク技術入門講座』加島宜雄 他（電波新聞社）
『すべてが解る！光ファイバ通信』久保園浩明（オーム社）
『情報技術はどのようにして発達してきたのか』井上信雄（ベレ出版）
『パーソナル通信のすべて』立川敬二 他（NTT 出版）
『やさしいパーソナルハンディホン』小川圭佑（オーム社）
『移動通信ハンドブック』斎藤忠雄 他（オーム社）
『電波とアンテナが一番わかる』木暮裕明 他（技術評論社）
『図解　しらなきゃ損する携帯電話・PHS のしくみ』エイ・ワイ・エーネットワーク（インプレスコミュニケーションズ）
『手にとるように通信のことがわかる本』菱沼千明 他（かんき出版）
『よくわかる　雷サージ対策技術』細川俊一（日刊工業新聞社）
『読むだけで力がつく　ノイズ対策入門』鈴木茂雄（日刊工業新聞社）
『現場でわかる　ノイズ対策の本』岡野大祐 他（オーム社）
『1陸技・無線工学 A【無線機器】完全マスター』一之瀬優（電気通信振興会）
『日経 NETWORK』特集1　ルーティング事始め 2002 年 7 月号（日経 NETWORK）
『日経 NETWORK』インターネットの基板「IP」を知る 高田学也 他 2002 年 10 月号（日経 NETWORK）
『日経 NETWORK』特集2　WAN はじめの講座 2002 年 3 月号（日経 NETWORK）
『日経 NETWORK』特集1　無線 LAN を究める 2000 年 9 月号（日経 NETWORK）
『アナ／デジ高周波回路と実装設計の勘どころ』長谷川弘（日刊工業新聞社）
『電磁波ノイズトラブル対策』小暮裕明・小暮芳江（誠文堂新光社）

用語索引

英数

ア行

カ行

サ行

タ行

ナ行

ハ行

マ行

ヤ行

ラ行

わ行

■著者紹介

真江島　光（まえじま　みつる）

1985年3月　東京工芸大学工学部（電子工学科）卒業
1985年4月　富士通株式会社　入社
2019年2月　富士通株式会社　退社
2019年2月　前嶋技術士事務所　設立
現在に至る。

坂林　和重（さかばやし　かずしげ）

東京電機大学、中央大学大学院を卒業
株式会社日産自動車入社、電気主任技術者などを歴任後、
株式会社日本技術サービス代表取締役
中大技術士会副会長、日本技術士会正会員

●装丁　中村友和（ROVARIS）
●編集＆DTP　株式会社エディトリアルハウス

しくみ図解《ずかい》シリーズ
通信設備《つうしんせつび》が一番《いちばん》わかる

2020年3月21日　初版　第1刷発行

著　者　真江島　光、坂林　和重
発行者　片岡　巌
発行所　株式会社技術評論社
東京都新宿区市谷左内町21-13
電話　03-3513-6150　販売促進部
03-3267-2270　書籍編集部
印刷／製本　加藤文明社

定価はカバーに表示してあります。

本書の一部または全部を著作権法の定める範囲を超え、無断で複写、複製、転載、テープ化、ファイル化することを禁じます。

©2020　真江島　光、坂林和重

造本には細心の注意を払っておりますが、万一、乱丁（ページの乱れ）や落丁（ページの抜け）がございましたら、小社販売促進部までお送りください。送料小社負担にてお取り替えいたします。

ISBN978-4-297-11175-5 C3054
Printed in Japan

本書の内容に関するご質問は、下記の宛先まで書面にてお送りください。お電話によるご質問および本書に記載されている内容以外のご質問には、一切お答えできません。あらかじめご了承ください。

〒162-0846
新宿区市谷左内町21-13
株式会社技術評論社 書籍編集部
「しくみ図解」係
FAX：03-3267-2271